我與吃飯

舒國治 著

目次

輯二

輯三

自序

每天最該吃的飯

我每天都得吃。　但備上哪幾樣食物，取出碗筷，方能令這頓飯吃成、甚至吃好呢？　並且今天吃明天吃、一吃竟吃上三十年五十年、甚至吃上了一輩子？

每頓飯的那兩、三道菜，究竟要怎麼配置，才算得上周全，甚至藝術，卻又其實很百姓，很容易就能完成呢？

我做爲一輩子吃中菜的人，總是先想三件事情：一、白飯；二、一道肉的菜；三、一道蔬菜的菜。

在這三項主題後，再多豐潤一些，才有了五、六個菜或七、八個菜的局面。

先說這「三件頭」。哪怕只是半碗糙米飯，配它的菜，肉的是「骰子牛肉炒青椒」、菜的是「清炒荷蘭豆」，我已能好好把這碗飯細嚼吃個愉快。

切成骰子狀的牛肉，如只吃七、八顆，滋味已香美。配嚼著旁邊沾了牛肉汁的十幾段去籽糯米椒，已能配個四、五小口飯，而心中相當踏實了。但要把整個半碗飯吃掉，就要再吃些別的菜。前說的荷蘭豆，吃個二十多條，也不算多。

但若是一頓飯吃得完備些，是不是有一小盤的番茄炒蛋（用三個雞蛋、兩個番茄炒成），只吃三分之一（一人份）；再有一尾乾煎肉鯽仔（也只吃三分之一）；一盤清炒A菜（葉類之菜），那就全矣。

這還沒提湯呢！

以上雖是五菜一飯，但這五菜可全只用一只炒鍋，鍋具堪稱簡單。再者，所有的菜，皆吃原味，幾乎不怎麼用調味料。其中如牛肉要醃抓一下，放的黃酒、糖、醬油，其量，可全擱入一個小茶匙裏。

如要加一道海鮮，像白灼蝦，哪怕是四、五隻，三分鐘後就可上桌。若是快炒蛤蜊，也一樣。但如果不是下酒，只是吃飯，那沒有蝦與蛤蜊，沒啥差別。

那道骰子牛肉，如換成紅燒肉，或回鍋肉，或白斬雞，而其他菜不動，也照樣可以。如換成白菜獅子頭，那連白菜也一下子有了。如換成清蒸魚，那魚旁邊同蒸的五花肉片及豆腐、蔥段也一併可以吃到了。

前說的骰子牛肉這道肉菜，還得自己做，如果巷子口可以買到白斬雞，切它個四分之一隻，或在萬巒買到的一小份萬巒豬腳，或是前一晚自外打包帶回家的「白煮帶皮羊肉」，那豈不是更方便了？也不用自己動手做了。這一道肉的菜，在台灣太方便了（上火車我總是吃「排骨便當」。遇可以的自助餐店，炸鱈魚尾、爌肉等我也喜歡），於是從來用不上鮑魚、花膠、魚翅或螃蟹，主要前二者我不愛吃，第三者我不忍吃，第四者太麻煩。

葉子菜，如把A菜換成菠菜，或是莧菜，或青江菜，或空心菜，也同樣可以。

要把這三、四樣菜，配著飯，吃上一輩子，乃它的配法、甚至它的烹調法、甚至它的食材跨越度，必須像是千錘百鍊、終極設計出來的理想版本！

除了配置與設計要緊，「吃法」也要緊。主要把每吃四五口菜、再嚼一小口飯的那種 菜咬碎了 魚咬黏了 肉咬出腴了 的互相融合之中 最佳的一頓飯中之搭配也。

爲了有很多的咀嚼，這半碗白飯最好換成雜糧飯或糙米飯。不只是爲了纖維，不只是爲了皮殼上的營養，更爲了「咀嚼」。

咀嚼，才是吃飯的本色。就像老虎在咬扯羊的皮肉那種，也像家中的狗在啃骨頭那種。不只以齒力來嚼是良好的吃東西的習慣，用齒與舌頭吸吮魚腦及析離魚肉與魚刺這諸多技巧，也是人做爲靈長動物本該勤於操使之事。更別說，咀嚼令吃飯的過程更加長了。不像喝胡辣湯呼的一下就吃完了那種太快了、太沒有過程了。

另外，延長吃飯過程的，還有那半杯酒。我每次對著一小碟鵝肉，三、五片粉肝及鯊魚煙，或白煮大腸（米粉湯鍋撈起切段的），就會想來一小杯白葡萄酒或橘酒。若在福建就是「老酒」，若在江南就是「黃酒」，若在日本就是「清酒」。乃這種咬嚼鵝肉，或在齒舌間碾咀蛋白質如粉肝的當兒，很適合啜一下微酸而冷冽的酒，令它們同時滑入喉腹。

如把這種本質式的簡吃，安排成日式吧檯的出菜法，比方說，第一碟出七、八丁的骰子牛肉與三五條去籽糯米椒。第二碟出二十幾縷清炒A菜（只裝在小碟來出）。第三碟出一小尾的煎肉鯽仔。第四碟出五顆蛤蜊。這些都先是一邊吃菜、一邊小酌的。第五碟出番茄炒蛋，加上第六碟出滷白菜，就可以上一小碗淋了少許雞油、上面鋪雞絲的雞肉飯了。

所謂日式吧檯一小碟一小碟的出菜法，其實是將每人吃的量與食物種類皆規劃得不多不少，又各味兼備的好飲食形式。

我們欣羨日本吧檯這種天才設計，不但廚師出菜、客人吃菜那種流暢自在，也在於那種導師在上、生徒在下的杏壇式禮儀之美。這樣一頓飯吃下來，對於食物的精美之享受，再加上對於製食者悉心烹調之感恩，整個過程是一趟優質的心靈之旅。

但這種類似的心靈之旅，也可以在家裏用簡簡單單的三、五樣食材就把它製作出來、呈現出來。只要每樣食物之鮮美，包含大小尺寸正好、烹調火候無懈可擊，這就能在吃飯之中達到了心靈的慰藉了。

爲了自己每天吃的那三、五道菜，我原想寫一本《七十八道菜》或《三十六道菜》的食譜小書（像本書中已有的「紅燒肉」、「粉蒸肉」、「麵疙瘩」、「毛豆」原是其中幾道），書裏面列出的菜皆是我能一號配五號、十六號配二十五號，如此的配成一小桌菜。這些菜，多半是「最本質的」（如白斬雞、白切肉、白灼蝦、水煮毛豆、清蒸魚、燙青菜），也最簡單的（如荷包蛋、炒青菜、蘿蔔排骨湯、豆乾炒肉絲），也最易吃的（如清炒蝦仁、珍珠丸子、涼拌萵筍、白菜獅子頭、煒芥菜），並且也最不必是大廚才做得出來（如番茄炒蛋、乾煎鯧魚、紅燒肉、麵疙瘩），各種食材在任何地方都能備得的（豬肉、雞肉、蝦、茄子、青椒、白菜……）。當然也是我做爲尋常百姓，能夠每天吃每頓吃、吃到老死皆是它們這些個菜！再就是，倘能把這些個菜色挑出二、三十道，開個小館子，只有七、八張桌子，每天只賣這些菜，這配過來、那配過去，卻烹調得精美得宜，令各食材相融後產生出佳味，而不是一逕只陳腔濫調的擱醬油、擱糖再勾縴而弄出的固陋老味，連米其林也搶著給它一、兩顆星，那就是吃飯的最高境界了！　當然這本食譜書，一直無限期的拖延。　唉！

即使如此，本書中已把我吃飯努力追求的原味（〈無調味料理〉、〈白切肉的美學〉）、不依賴醬油（不必吃人云亦云的調味模式。也不必倚賴工廠的製成物）、簡單不雕琢（乃快快可以吃成。又貧富皆吃得到）、享受時間的孕育（〈坐一下〉、〈炒肉絲　也談餵豬〉）、對原味炒出青菜的鍾愛（〈炒青菜的用蒜時機〉）、甚至對好食料來自眞實土壤之篤信（〈門外漢的葡萄酒〉）……皆已然點點滴滴說了很多矣。

唉，不就是吃一頓飯嘛！

番茄炒蛋
洋葱牛肉
炸鱸魚
炒糯米椒
炒小白菜
炒豇豆

家附近自助餐館

我常桌菜

舒國治

輯一

這樣的
一碗餛飩絕對不會放麵條
只能是餛飩本身 這也是
大餛飩的美學

坐一下

葡萄酒開了瓶，倒在杯子裏，要放一下，才喝，令它接觸一下空氣，也令它原本封閉在瓶裏的酒體中諸多分子，這時自緊束中一點一點伸展開來。這時來喝，味道會適宜很多，甚至說，才是它應該有的味道。

這個放一下的動作，大夥習稱「醒酒」。

麵，也有「醒麵」的同樣說法。麵粉摻上水，揉了幾十下，使之成爲麵糰，這時還不忙著幹嘛，便用一塊布捣著，讓它放在那兒，然後說：「我們讓它醒一會兒吧。」

這時的麵粉與水混合後，兩方面皆要融合一段時間，然後毛細孔會自然這裏推推、那裏擠擠、伸伸懶腰，這廂躺平一下、那廂又靠倚一下，如此幾十分鐘後，這塊麵糰就到了最勻穩舒展的狀態。也就是，可以搓揉成條、捏成了小圓餅、去擀成餅皮；或是展成長布、再摺成疊條、要切成麵條等等。

前面的麵糰的幾十分鐘置放，是爲「醒麵」。這跟醒酒是一樣的「天地之間的造物之理」。

就像牛肉一早屠宰後，送到廚師的手上，在晚上做牛肉料理前，考究的大廚會令它「坐一下」(sit for a while)。通常會置放在比較穩定的涼度(不可太凍、也不宜溫熱)下幾個小時，這就是教它的蛋白質開始產生些微變化但又還不到待會用烹調的火溫使之熟的潛蘊過程。

這個過程很重要，用的字，是「坐」(sit)。

生魚片更是如此。以前有人羨慕船上捕魚人，說「他們能吃到最新鮮、最剛剛一出水就進到他嘴巴的好幾種珍貴生魚」！但事實上，生魚的好吃，也要宰殺後、牠離開生命跡象後、令這大塊大塊的魚被切成中塊（哪怕是離開最早的急速冷凍狀態）後，在極適當的大小塊形下被置放於極好的冷涼櫃閣中一段時間。這也是蛋白質到我們嘴巴感到香美所需要的變化。

水果摘了下來，也要在室內放一下。

有的在樹上已長到紅極，摘了下來，一吃，似乎並不如它的顏色所顯，食之猶有生脆感。倒是放了兩天，味更熟香也。

香蕉最好吃是樹上熟，此人人皆同意事。然而看它在樹上由深綠轉淺綠，再由淺綠轉微黃，繼由微黃轉全黃。於是心道：「這兩天可以採了。」摘下後，置家中，今天一嘗，已香已清美，然甜氣尚淺。再一日，一嘗，已甜得正濃郁。再三、四日，則香氣已散，甜固甜矣，卻嫌軟塌太過也。

這是香蕉的熟成之例。哪怕是樹上熟，亦要略坐一日二日。這番「坐」，正是令它確定明明白白離開那猶在生長枝頭的情境也。

至於綠生生採下者，不管是慢放至熟抑是置米缸催熟，皆無法有樹上熟的那股完備之香韻甜魅也。

柿子之在樹，亦有講究。日人疼惜柿子，九、十月間樹上滿滿結實，他登梯細揀，揀那已極飽滿紅大者入籃，可以上市去售。剩餘在枝頭者，再俟幾天。

不久又摘第二批。所剩者，已零零星星、稀疏掛枝頭，自此就不採了。

而這些慢熟的、晚熟的，到了十一月底十二月初，遊人自車上看去亭亭巨樹雖僅十個八個，卻紅豔耀目，在葉子落盡枯枝上閃爍著光芒。這就是農家自己用的。

當然柿子極熟時，會掉落地面。你如幸運，恰好走經，又是在人家牆外，或可拾起一嘗，往往味道極美甜。如你拾得五個七個，揣在懷裏帶回旅店，今天嘗的一個，往往較兩三天後嘗的第三號第五號等稍遜也。

也就是說，它雖果熟蒂落，實則還是可以「坐上一坐」。如此它的熟成更全也。

飯，煮好了，不開蓋，是爲「燜一下」。這是必要的一個動作。燜了十分鐘，與只燜三分鐘，絕對有不同。

燜過十分鐘後，再用飯杓翻動鍋裏的飯，令它「鬆」，也令它透氣。這會使飯更適得其所。但另有一招，是將飯盛起來，放在木桶裏。

不管是在木桶裏放五分鐘，或是放二十分鐘（這時多餘的濕熱水氣會被木材吸收，使飯不至過濕。而飯如果愈放愈乾，如今在木桶裏，木材中所涵的濕氣也會令飯不至快速過乾），或甚至放三小時都要漸涼了，這飯，皆會十分好吃。

乃在於，他放過了。

其實飯之煮完、到燜完、到換至木桶，再到只是空放，全都是它的「熟成」過程。全都極有價值的。

飯靠放在木桶裏，除了木材是好東西（人靠在木牆也同樣舒服），其實飯經過貼靠，往往就使它熟化成好滋味。就像我最愛掛在口頭上的那一句話：「便當的好吃，是滷蛋下面壓過滷蛋印子的那一撮飯，最好吃！」

這說的是「壓靠」。不是滷蛋的滷汁。

乃這滷蛋自滷鍋撈出，早在大盤中放冷多時，早就是乾的。故被它壓過的飯，其形如同是受隕石擊凹的弧形山坑，一來頗好看，二來壓到滷蛋所呈極淺的褐色，也教人有胃口。但絕不是滷汁。

正因這壓靠，足可以使米飯獲得另一層的「蘊養」過程，於是好吃了。也於是，冷的、無滷汁的豆乾壓過的飯，也同樣好吃。只是滷蛋壓過有弧形槽，顯得更好吃。更別說它還是動物性蛋白質呢。冷的白切雞，皮與肉之間的液汁都結了果凍，這樣的冷雞鋪在冷飯上，成爲「白切雞蓋飯」，在玻璃櫃裏已放了兩小時，你此刻才吃，把雞肉掀開，先嘗一口飯，哇，一定最好吃！

春捲炸好了，我習慣放個六、七分鐘，再吃它。乃爲了油先滴瀝掉一些，再等它不那麼燙嘴，再爲了它的表面酥脆有微微的潤濕與將皺，但仍有酥度，而一咬，還能拉扯出韌勁，這是最好吃的。

事實上，炸出來三、四十條春捲，每人一開始各吃了四、五條，到深夜電視看到一半，再取冷春捲來吃，照樣好吃得很。

放，在很多地方，都是很美好的。

餃子撈出鍋，端上桌，盤子上猶冒著煙汽，稍過了三四分鐘，煙汽褪了些許，盤上的餃子開始微微出皺了，煞是好看。這時吃，最宜。一來不致太燙，二來它皮的微皺，正是牙齒咬下會有扯勁的味道，三來它的「裙邊」已清晰顯現了。而裙邊與皺摺，正是好餃子應該有的美學「相貌」。這時一口氣吃掉一、二十個是最過癮的。

這樣的餃子放在飯桌上，過了三、四個鐘頭，你都連續劇看完一兩部了，竟然經過飯桌看到盤子裏冷的餃子，還想撈起一個再吃，不想一個不夠，兩個三個往下吃。結果吃完一算，又是八、九個吃掉。

這道出了二事：好吃的餃子，你很快就餓了。此一者。又好的餃子，冷的也照樣好吃。甚至冷的皮、冷的韌勁，有另一番美味。

東西放了，有經過時間的好變化。而人生的事態會不會也是如此？

近年偶取出舊昔的片段札記，常看到極多想要續寫的起念。常立刻就下手去接著寫，並且頓時又寫下了幾百或上千字。

甚至近年想寫的東西，寫著寫著，突然有一感覺：莫不這是一、二十年前就一直想做之事，只是當時先讓它「坐一下」，待坐上一陣，時機夠成熟了，便可以下手了！

哎唷，老年豈不甚是珍貴？原來那些年輕時擱在心頭的念想，竟然會在垂老的時際顯出了瓜熟蒂落的呼喊！如今不經意寫出的東西，眞去細審，難道不是五十年前、三十年前、十八年前就想過的事？

而那時候所以沒卽去寫，會不會就像樹上猶有青澀氣的微紅柿子，你捨不得動手去摘；結果十月十一月確能採摘了，但你那時又不急了；終要弄到十二月一月整株枯枝大樹上僅孤零零吊著那七、八顆紅飽圓透至光亮耀目的碩果，此時你不採它，它也要不久就落地到你的腳邊呢。

油條

炸物，日本比較高勝，但許多炸物他們不做。除了春捲沒有，油條他們亦無。奇怪，宋代以來，油炸鬼（或「檜」）全中國皆見，竟沒被日本人援引過去嗎？和尚亦不用吃嗎？又味噌湯，如此尋常日備，倘倉促中丟兩三段油條進去，豈不是佳美素湯！

油條放進湯汁中，好吃。吃稀飯，水溚溚的，很愛把油條配著吃。當然配甜豆漿，也宜。至若鹹豆漿，丟進了脆硬油條，更是增味也增音效。清豆漿加了醬油、醋，就變花了，湯汁霎時就粉屑化了。這時有些固體類的東西像榨菜丁、魚鬆、油條屑擱在裏面，吃嚼起來，就酣暢了。

油條包進糯米飯糰裏，所謂粢飯，眞是了不起的發明。如果是鹹的，則榨菜丁、魚鬆也在其中。如果是甜的，則油條外，是鋪上白糖，也好吃。昔年大家習慣把老油條（也就是冷油條再回鍋炸一次，令之酥脆）包進粢飯裏，不想復興南路、瑞安街口的「永和豆漿」二十年前卽已用新鮮炸出的綿軟油條整根擠入糯米飯裏，包成細細一條這樣的版本，竟然更是好吃。可見此店的創新力！

南京西路二三三巷二十號在永樂布市對面的那家「清粥小菜」，是我最讚不絕口的台式湯湯水水小菜之珍貴佳鋪。原本這位林阿姨亦有油條一款，沒想到幾年前不供油條了。一問之下，原來她一直進貨的老先生後來不炸了。她廣訪其他炸油條的店，每一家試嘗，皆有不對之味，幾家試過之後，她決定放棄。問她何以不行？她說，油條是嬌美之物，不能亂添加東西，加了，一吃就吃出來了。尤其是化學類的助劑，何必吃呢？

這林阿姨眞是油條的知音。

油條又是極好的素菜中的配碼。像茭白筍絲炒油條，是一道有變化的素菜。油條白菜絲，水兮兮的白菜中浮著金黃色油條，也令此菜一下子有趣了。絲瓜做爲菜，只要稍炒，已會出水，端上桌宜用深盆一點的盤子。帶汁的絲瓜，很像可以取名「絲瓜酪」似的。若以油條燴炒，是可以成爲一盆素菜中的「油條絲瓜酪」呢！

有一年到福建泉州去玩，在開元寺徜徉了好一陣子，然後在附近古老巷弄中的二樓喝咖啡。喝著喝著，有人嗅到自曲巷飄來的油香味，都道：「好香啊，這是什麼？」店家道：「你們鼻子眞好，這是我們這兒有名的炸油條小鋪，我去買幾根，你們嘗嘗。」

一吃，哇，還眞香爽滑口。尤其是嘴中原已瀰漫著手沖咖啡的薄薄酸澀，這一下嚼入脆腴的油條，竟然很配。吃到剩下的一小段，把它浸一下咖啡，再吃，也好吃。而那杯沾過油條的咖啡，喝起來也沒不好之味。

大約二十八年前，我去爬河北保定附近的太行山（其實已過了滿城，已接近川里），在相當高的一個小村前，見人在路邊炸油條。是那種短短胖胖的，狀至福泰，我們也買了幾根吃。一吃，太驚豔了。同行者謂，這山裏人自己榨的油好。當然，麵粉也好。還有，露天炸，山高谷乾，空氣淨透又沒濕氣，最能炸出好東西！

有一次過年期間的某個下午，在友人家裏閒坐喝白葡萄酒，他左看右看，想找下酒菜，我說冰箱裏擱著的兩根油條拿來派上用場吧。於是油條這下子用來配酒了，後來又找來一小塊 blue cheese，咬一小段油條，嚼幾屑 blue cheese，再啜一口酒，哇，也是那麼搭啊。

油條又是極好的陪伴物。我最喜歡注意水煎包裏的諸項雜料，像粉絲、油豆腐屑，偶還有油條末末，那就精采了。他們這些陪料，皆爲了陪伴韭菜或高麗菜這主料。但有了這些極富百姓生活智慧的陪料（像粉絲，太聰明了。油條也是。當然豆腐屑或油豆腐屑皆是），這樣食物、頓時有神了！

有些餐館，爲了做創意菜，喜歡把食料（像蚵仔）塞進油條裏，先進油鍋，再燴，燴時還狂加醬（蠔油什麼的）。這種菜，我幾乎很少動筷。主要油條你若視它爲嬌美物，如何可以這麼折騰？那道菜烏漆嘛黑的，裏面還不情不願的硬塡了東西，這種手工菜，或說創意菜，實在太不了解油條之爲物矣。

油條最好的搭配物，是白粥。還不必是海鮮粥、皮蛋瘦肉粥、及第粥等這些有料的粥，是淨淨的白粥。主要是享受它的清雋配搭。這白粥最好煮得稠些，陶鍋小火，慢慢煮成粥面泛出白亮光色。以這樣的白粥，配炒得乾乾的雪菜毛豆、荷包蛋、剛出爐的板上豆腐一方，淋上幾滴醬油，最後加上一碟剪成小段的油條，便是千古不移的最文雅早飯了。

配白粥的菜

早上起床後的白粥早餐，是最誘人的。若有說宜蘭哪個民宿、阿里山山腰哪家民宿，或竹東深山裏哪個民宿他們的白粥早餐是多麼的鄉野豐富，那會讓人多想到那幾家地方去下榻一晚，不但玩賞當地風景，第二天一早好好吃一頓期盼已久的早餐。

白粥最尋常的幾款菜，就已是大家心中的經典。如鹹蛋、油炸花生米、肉鬆（這是乾的或脆的），如豆腐、油條（這是坊鋪一早做好的，淋醬油後可吃），如醬瓜（這是醃物）等。

但比較更考究的白粥配菜，最好是一早現製。並且，有些「成菜」，如罐頭菜（醬瓜），如先製菜（鹹蛋、肉鬆），如發酵菜（豆腐乳），不妨考慮換掉。

好比說，白粥一盛在碗裏，端至飯桌，眼睛先看最跟它搭的菜，往往一眼就看到紅亮亮的花生米。因爲這款脆物，咬碾在嘴裏，最想和綿糊糊的粥和（音「或」）在一起。並且花生米的油香氣，也最想融化在清稀稀的粥糊裏。

正因爲白粥太吸引油香與脆腴，所以有饕家會說，早餐的魚，乾煎比清蒸適合。乾煎也比紅燒適合。誠然。

像乾煎馬頭魚，還可在魚身先抹上薄薄的麵粉，如同拖一張薄薄麵衣，如此入鍋油煎，火別太大，煎好，表皮有綿綿絨絨的脆皮，這皮還包裹著魚的一些黏膜，最是香潤。

乾煎魚做爲粥菜，是一絕。乃它最與粥合，它的腥香氣，最想鑽進白粥這棉被裹，包著香脆，卻也不膩。它也最不水，因粥已有濕度。它又不涵紅燒湯汁，因粥不像白飯，不適合澆上滷肉汁（噫，滷肉飯何等完美，但滷肉稀飯則不宜也）。

有了乾煎魚，就可以把花生米這種油脆菜及肉鬆這種酥鬆葷菜替換掉了。

有了油煎菜，能再有一道軟綿菜像寧波燂菜，再一道涼拌萵筍這種涼拌脆口菜，其實就能坐下好好吃飯了。這還沒說園子裏的時蔬像莧菜、芥藍、青江菜等可以現炒一盤。還沒說土雞蛋煎它一個。還沒說豆腐、油條這些坊鋪天沒亮就出爐的好配菜呢！

但白粥也有不適合配的菜，像泡菜就是。泡菜是很美的食物，和許多食物共進，都很得趣，像燒肉，像炸臭豆腐，像乾拌麵，像炒飯，像滷豬頭肉、滷豬腳。主要它釋出酸，它也水溚溚。但這種酸與水，和白粥便不搭了。

白粥適合的酸酵菜，最好乾緊些。好比說，醃得黃老一些的雪裏紅。故而雪菜炒毛豆是我心中最重要的一道「稀飯菜」。但它的portion（碟量）不用太大，應當小於炒白花菜，但又大於蘿蔔乾炒辣椒豆豉。

說到我心中最essential（本質）的稀飯菜，有以下幾樣：

一、乾煎魚（油脆菜）——如吃素，換成炸花生米。
二、油條（油香嚼頭菜）
三、萵筍（涼拌脆口菜）
四、炒白花菜（梗條類蔬菜）
五、炒豆苗或芥菜或莧菜或菠菜（葉類蔬菜）
六、油爆蝦（醬鮮腥香菜）——如吃素，換成紅燒冬瓜；若是冬天，換成熗菜更美。

七、荷包蛋（蛋類菜）
八、生豆腐（豆腐菜）
九、炒海帶芽或涼拌海帶絲（海藻菜）
十、雪菜炒毛豆
十一、蘿蔔乾炒辣椒豆豉
十二、馬蘭頭豆乾丁

以上這十一款，吃素者，一與六可換掉。事實上，早飯太多人不怎麼非吃葷不可。尤其是配稀飯，青菜豆腐蘿蔔乾根本是最佳的經典配菜。

第七項的荷包蛋，若換成蔬菜類炒蛋，如筊白筍炒蛋、櫛瓜炒蛋、胡蘿蔔炒蛋，也是絕妙稀飯菜。我個人常吃這三道菜。其做法是，用刨子刨筊白筍（櫛瓜、胡蘿蔔亦同），刨成薄薄會翹起尾邊的片狀，入油鍋炒，炒至熟潤，調小火，把蛋汁淋入鍋邊，如同勾縴，等蛋快結形了，再以鏟炒動使勻，便可起鍋了。

這種瓜片類的菜炒蛋，最是稀飯的恩物。

其實綠色葉子菜，不算是稀飯最愛的搭配，因爲他們費齒嚼。但不費齒嚼的豆腐乳、鹹鴨蛋，嗵的一口就和白粥一起滑進口喉裏，這吃是很爽，但實在不算太健康，故而我必定會邊配葉子蔬菜。同時加上梗莖類蔬菜，如白花菜，或如四季豆。

至於蘿蔔乾的鹹氣、萵筍的脆、海帶芽的滑黏與腥香，原就是白粥之最愛。

五十年前，豆腐作坊極多，天沒亮，許多豆腐就已出爐，我家的飯桌，最常有這款。正方形一塊，淋上幾滴醬油，再幾滴麻油，當年還有一些味精，用筷子戳個幾下，算是攪拌。這塊豆腐，那當兒還是溫的。如今，我甚少吃豆腐了，乃味道早就不行了。

白粥既可以是窮家的食物，也可以是雅士的高妙美饌。我個人習慣煮得稠些，令粥的表面都出了微微的「粥油」。便因如此，配的蔬菜，最好乾些。我的方法是，炒好的芥藍、豆苗或菠菜，皆把湯汁濾得極乾，將這湯汁全收集在一大碗裏。涼拌萵筍的汁也濾乾，油爆蝦（常是前一晚剩的冷菜）的汁也濾乾，全傾入適才的大碗裏（這些蝦汁、菜汁，混了高湯，便是下一頓的「奥灶麵」之「麵湯」）。以這些乾乾緊緊的菜來搭配白粥，便是我所謂的白粥之美學。

白粥的配菜，能夠選得好，其實是中國菜的神髓。很多人家醃的蕎頭、子薑、糖蒜，這一下子現身在白粥面前，顯出了它們的絕妙性。若非白粥，人們怎麼識得它們的美？

便因爲白粥的嬌、甘潤、不必細嚼卻又不宜忽的灌下（所以才要煮得稠）之諸多特性，所以配它的菜，才值得那麼詳細的講究。另外，別以爲是粥，便急乎乎快吃。非也。仍需細嚼。嚼幾口菜，吃一口粥。要以乾吃慢嚼法爲之，則可做鄉村員外也！

配白粥之菜，求其清秀，須有田園氣息。故海參、魚翅、花膠、鮑魚無須上桌。亦不宜也。雞類如道口燒雞、鴨類如樟茶鴨、豬類如揚州獅子頭、羊類如烤全羊等，滋味腴美也、烹調考究繁複也，然皆不宜於相配白粥。製白粥旁的菜，仍以輕輕幾鏟即成者爲宜。可見白粥美學甚明也。

更重要的，一頓好的白粥，哪怕是連盡兩碗，三個小時後，竟然又餓了！

白粥既可以是窮家食物 也可以是雅士的高妙美饌 配菜選得好 其實是中菜的神髓 尋常人家醃的蕎頭 子薑 糖蒜 這一下子現身在白粥面前 顯出了它們的絕妙性 若非白粥 人們怎麼識得它們的美

舒國治

甲辰秋

紅燒肉

紅燒肉，是中國很獨特的一道豬肉料理，別的國家不大會去做成這麼樣的一種形態的菜。

第一，它像是滿粗獷的菜；肉是帶皮帶肥帶瘦的，最好還別切得太整齊，燒出來烏漆嘛黑的，很不修飾的，很不雕琢的。但這很適合是中國的菜。日本這潔癖之國不至於這麼做，西洋理性文明之國也不這麼做，越南這樣的恪守清淡美學國家，也不會這麼做。

第二，它居然很天成的就出落得如此美味的一道菜，中國各地都樂意這麼燒這麼吃，湖南湖北會吃，安徽浙江也吃它，廣西貴州也吃，上海蘇州當然也吃。

哪怕廣東菜已太成熟，太多仕紳的筵席犯不著去端出紅燒肉，但廣東各階層的吃客絕對樂意吃它。

蘇東坡說的一個訣竅，是少擱水。可見紅燒肉的嬌豔體質能不被有些外物耽誤，像水，就最好別被耽誤。另外太多的老奶奶會說：「紅燒肉加了竹筍，就便宜了竹筍。加了豆乾，就便宜了豆乾。加了滷蛋，就便宜了滷蛋。加了梅干菜，就便宜了梅干菜。什麼都不加，就便宜了紅燒肉自己。」哇，說得太好了！確實紅燒肉的美味，要用皮的黏潤、肥的膩油，來包容涵蘊瘦的香彈出勁，使整體既不腴又不柴，一口咬下，香美極矣。

或許正因爲豬肉的帶皮，它的肥肉瘦肉有了這層皮的覆蓋，所以燒起來特別有滋味。並且，還有一節，有了皮，則極適合紅燒，也即，用醬油與糖來燒。如果同樣的肉，白燒，則味道不如紅燒那麼全方位的迷人。

再說一事，獅子頭，只用肥肉瘦肉斬成小丁去燒，則完全不加醬油照樣出成雋品，甚至不少的吃家更強調說，白燒的獅子頭最好吃。我便是此中一例。〈獅子頭〉一文，下回再刊。

但紅燒肉、紅燒蹄膀、紅燒豬腳，是十分適合放醬油的料理，或許眞因爲有那一張皮。

談談火候。燒的時候不主張動不動就掀鍋蓋，便爲了會灌進冷空氣，就像是蘇東坡說的「擱了水」。冷空氣跟水，便是教瘦肉會變柴的原因。

紅燒肉怎麼做呢？

老實說，幾乎每一個家庭都會做，也都做得很好。我今要說的，是一些紅燒肉在做法上與吃法上的審美角度。

第一，先說小版本紅燒肉。亦即：滷肉飯上淋的那種「滷肉」。把肉帶皮帶肥帶瘦的切成小指頭的大小（亦有人只切帶皮帶肥的部分，不含瘦。坊間極多滷肉飯攤子如此），丟進放了油的炒鍋內去炒。炒之前或同時，丟紅蔥頭。炒上一陣子，令肉的全身皆受到油的熱浸，並快要融釋出自身的脂肪時，加醬油與糖，這時可以加少許的水，並繼續炒熱，當水都滾了，即關火。將炒鍋中的肉與汁，倒入一個陶鍋中，然後在陶鍋內以小火慢慢燜燒，約燒半小時，已可上桌。沒吃完的，下一頓再上爐去熱，會更軟爛。　坊間的滷肉飯鋪子，會把新鮮切好的生肉條，放進這陶鍋的一角去燉燒。此時有客人來，他舀的當然是燉了很久的熟透滷肉。當老滷肉快舀完時，那些一小時前擱進去的生肉條也早熟了。

第二，中型的紅燒肉。差不多是麻將牌寬度，只是肉更長一些。燒法和前說小型滷肉一樣，只是換陶鍋後，燜燒得久一些。

第三，大型的紅燒肉。差不多是臭豆腐的正方形寬窄，當然肉更厚得多，這也是東坡肉的尺寸。燒法和前說的「先炒油」差不多，只是東坡肉塊頭大，炒法不同。炒鍋裏放的油多些，如要燒六個東坡肉，可以一個一個炒。即放入，然後把油搖動，也可以鍋鏟淋油在肉上。一個油浸滿、又炒微黃後，取出，換下一個。如此六個皆炒完，再擱入大陶鍋中以小火燉燒。也可以每個放入一個罎子中加蓋去蒸，這就是「罎子肉」。　哦，對了，要放進罈子去蒸的東坡肉，其底部要墊何物？　這是一個好問題。　當然，絕不能墊白菜。乃它是出水之物。　墊芋頭塊或番薯塊也不是最宜之物。　最好是大蔥，它不但體積可以托起東坡肉，蒸久了蔥底部的焦黑亦可剝掉一層，最好的，它還釋出微微的甜香（且不出水）助長了肉的美韻，同時這燉過肉的蔥根本就是可以吃的！

好了，有人要問了：「肉要不要滾水燙過、把水倒掉、除去肉腥，再來燒？」這是好問題。一般言，台灣家庭，的確如此。我家也常這麼燙煮、撈沫、再倒水。

但我前面說的，是五十年前或你在山區取得農家養了一年半、兩年的吃餿水的成豬的例子。或是你近日和黑毛豬農取得優質有機豬肉的案例。

因爲好的、養久的、吃餿水的、山上農家餵養之老種黑毛豬，燙了水就可惜了。

再說調味。醬油要放多少？糖放多少？紹興酒放多少？這就有個人的喜好了。我會醬油放得少些。至於糖，要令它與肥腴產生「共鎔」，卻又不嘗起來是甜瞇瞇的，那就是「紅燒肉」了。至於香料，桂皮與老薑皮就差不多了，八角可以不擱。至於酒，只能放紹興酒或米酒，絕不可放紅葡萄酒一如「紅酒燉牛肉」那套。乃加了紅酒這種果實酒，帶了酸，就不是我們味覺中的紅燒肉了。沒辦法，這就是紅燒肉的美學。

好，這是說製法，現在說吃法。

我多半喜歡做大塊的紅燒肉，即以東坡肉爲例，我做了，或許這餐只吃一塊。其餘五塊撈起放冷，不久，冰起來。鍋底的汁，另外裝一罐也冰，成爲「紅燒肉汁凍」，日後用來燒油燜筍、燒冬天的芥菜（就成了熑菜）、燒糯米椒、燒豆腐，或偶爾丟兩粒（已冰凍之滷凍）在荷包蛋上。當然也偶爾拌麵。

至於冰起來的東坡肉，沒事吃飯切幾塊條做爲那一餐的少許豬肉菜。如我吃滷肉飯，也是把它切成比小指頭還細的條狀放在剛煮出來熱騰騰的飯上，哪怕沒淋滷汁（我冰箱也有）。

另外，蒸魚如想放五、七條肉條，我也切東坡肉來用。就像也丟三、四片豆腐、十幾條蔥段同蒸一樣。吃魚時，豆腐、蔥段、肉片也吃。甚至尖的辣椒鑲肉，我也不用絞肉，照樣把東坡肉切成細條，往往大一點的糯米椒我只塞進三、五小條帶皮的肉，已然特別潤美。

更別說有時炒高麗菜，加一點切片的東坡肉，也算是另一款的「回鍋肉」。

寒夜要炒一盤蛋炒飯，只切十幾小丁，在鍋中跟蛋屑、白飯、蔥花相融一道，哇，美味！

很難得很難得的在家做一次蔥油餅，那麼東坡肉切下一兩片，細切成許多的小肥肉丁，也和蔥花一起抹在麵皮內，捲起來，再擀，這張蔥油餅先煎（如小火慢慢乾烙，更有意趣），再送進烤箱稍烤，好吃極矣。

冰起来的東坡肉 沒事吃飯總能派上用場 如我吃滷肉飯把它切成比小指頭還細的條狀 放在剛煮出来熱騰騰的飯上 便是簡陋人家將就版滷肉飯 心血来潮想吃筒仔米糕了 也是將東坡肉切成丁倒進筒子底層 再拿冷飯蓋上去蒸蒸 完倒扣在碗裏 活脫就是一碗筒仔米糕

很難得很難得在家做一次
蔥油餅 把東坡肉切下一兩片
細斬成許多的小肥肉丁 也和蔥
花一起抹在麵皮內 捲起來
再擀 油鍋中先煎 再送進烤
箱稍烤 啊 美味啊

舒國治
甲辰秋

消失的台北餐館

台北的餐館史，將來一定有人可以好好寫寫。但今天我且就三十年前幾家令人印象深刻、卻在二十年前、或十五年前逐漸消失的好館子來談一談。

所謂三十年前，是一九九〇，那時股票很高，又是人們說的「台灣錢淹腳目」的年代，上館子的興致頗高。而開店的人也意氣風發，想做出一道道震撼人心的菜。

先說江浙菜。「東生陽」（永康街六巷八號）當年的嗆蟹、鹹菜黃魚、㸃菜、牛腩蘿蔔等，極受歡迎。許多朋友宴客，都喜歡選在這裏，滋味濃鮮，價格也可以。

但曾幾何時，不見了。

「陶陶」(中山北路二段五十七之一號)是有著日本人心目中上海菜風味的「新派上海菜」名館。當年一開出來,教人耳目一新。在用餐氛圍上、菜色設計上、餐具上等,皆更顯得國際化。並且,高級感很足。也不見了。

「復興園」(漢口街一段四十五號)是江浙菜的老字號,六、七十年代開在中華路,八十年代中期開到了漢口街。老派上海菜燒得很入味,紅燒下巴、炒鱔糊、蔥開煨麵等,都是強項。

「淞園」(大安路一段一八二號)開在「半畝園」隔壁,離東豐街的「客中坐」茶館(侯孝賢導演九十年代初喜歡在此討論劇本)也沒幾步路。大安路、東豐街口是八、九十年代之交台北東區相當優雅的一個角落,而「淞園」二樓的包廂很適合宴客及拚酒。

離「淞園」不遠的「京兆尹」(四維路十八號),他的總店在麗水街十六巷二號,在八、九十年代之交，是少有的「北平點心」總壇。強調「宮廷點心」，像驢打滾、豌豆黃、果仁奶酪、桂花涼糕等，令當年太多本省外省吃客驚豔不已。照說北平的小吃原應在五十、六十年代大夥最思鄉的時代出現，然而沒有。總要到八十年代中期以後台灣的經濟環境更富泰了，才會出現。

「京兆尹」全盛時期，分店很多，連復興南路一段一〇七巷也有，天母東路也有，那眞是台北人最愛吃、最愛花錢的一段好光陰。

但是，還是消失了。

說到天母，有一家西餐館「雍雅坊」(中山北路七段三十一號)，當年也是台北人迢迢遠赴天母去品嘗美食的一家名店。他的法式焗田螺、法國香煎鵝肝等都很受歡迎。

有一家開在遼寧街四十五巷五號的「姑姑筵」，是又像簡潔版的創意小館，又帶些洋味的咖啡館式中餐店。在那個「努力迎接新穎」的好年代，開了出來。文藝青年很快就發掘到這家開在巷子裏的特色小館。

另一家幾乎像夜店又是充滿狂野裝潢的「現代啓示錄」（復興北路三二三號）開了。它的菜既有三杯中卷，又有麻辣肥腸，更有京都排骨，是綜合各省之長又符合台灣吃客之愛的口味強勁、極宜配酒的過癮中菜。

這是那個年代的極鮮明記憶。「現代啓示錄」開到半夜三點，而那個年代計程車直到深夜還生意興隆，大夥是一攤接一攤的來「續攤」。

在新生南路的「大聲公」（新生南路三段六十六號），歷史悠久，在六、七十年代之交還曾經開在台大運動場上，算是露天的消夜廣東粥小攤子，我還吃過呢。

據說更早時，四十年代末就以別的形式開了。前些年，還是收掉了。

日本燒烤料理「狸御殿」開在七條通（中山北路一段一二一巷十七號之一），就在賣鰻魚飯的「肥前屋」旁邊，人一推門進入，就是木頭籠罩、烤物氛圍十足的日本式濃郁空間。

七條通看似是吃東西的絕佳巷弄，但不知怎的，一眨眼竟然這店不見了。

賣黃魚水餃的劉家小館（復興南路一段二一九巷十號），極有特色，又因用料比較高級，價格自然不能太低；卻因開在八十年代初的東區，人們已能認同此種享受，於是能一直開下去。但前幾年，還是收掉了。

有兩家新派素食自助餐，算是九十年代初最引領風騷的餐館，「塘塘」（光復南路二九〇巷四十八號地下室）和「桃花源」（吳興街二二〇巷二十九號）。他們打破傳統「模仿動物形樣」的那種製作素菜，是極健康、自然的吃素見解。但開不了太長的時間，就歇業了。

最後說一家，「湖北一家春」（安和路二段七十一巷八號），是台灣有史以來唯一一家完全打著湖北菜招牌的餐館，或許也只有八十年代中期台北的社會安逸感才會開出那樣的店。珍珠丸子、蘿蔔絲牛肉不在話下，他的「粉蒸莧菜」、「粉蒸茼蒿」簡直太教台北人大開眼界了。

以上這些店，都消失了。

前一陣子，先有「永福樓」吹熄燈號，後來說台菜的老資格「青葉」（中山北路一段一〇五巷一號）也停業了，真是教人感慨萬千，於是想起近三十年來諸多餐館的凋零，提筆寫下這篇小文。

餛飩麵呢　應該是在陽
春麵的基礎上　再丟六顆
或八顆小餛飩　便是一碗比陽
春麵豐富多矣的餛飩麵了
只是一來　不能用大餛飩（不相配
也）二來不能投太多顆（比例不
對　便不美矣）　沒辦法　這是餛
飩麵的美學

舒國治
甲辰年

中菜的經方與時方

中藥有「經方」，那是二千年前（秦漢時）被定好的配方定本。宋代以後，歷來的朝代有當時人所配出來的方子，便通稱「時方」。我有時談論中菜，也就援引來用；把那些早成爲定式的菜名，也就叫「經方」。這些菜，如宮保雞丁、麻婆豆腐、回鍋肉、乾煸四季豆、荷葉粉蒸肉、珍珠丸子、糖醋排骨、雪菜百頁、東江釀豆腐、鹽焗雞、大良炒鮮奶、淸炒蝦仁、蘿蔔絲海蜇皮、蔥爆牛肉、糟溜魚片、蝦子蹄筋、蔥㸆烏參、蔥㸆鯽魚、肉餅子蒸蛋……它們到了台灣，少說也超過七十年。而許多人在來台灣前卽已吃過幾十年。或他的先輩就已吃過甚至幾百年。於是稱這些菜爲「經方」，絕對沒問題。

湯裏面的酸辣湯、蘿蔔排骨湯、蛋花湯、番茄蛋花湯、火腿冬瓜湯、老鴨芋芀扁尖湯；麵裏面的雪菜肉絲麵、餛飩麵、炸醬麵、甚至陽春麵，絕對是「經方」。

餃子方面，像白菜豬肉餡、西紅柿雞蛋餡、蘿蔔絲羊肉餡……這些皆是經方。

皮蛋豆腐不知是不是經方？但鑾早就有人那麼打理冷菜了。如它是時方，也是老資格時方了。

苦瓜鹹蛋，原本是新創的，算是「時方」。但三、四十年吃下來，它今日已然成爲「經方」。

薑絲大腸，出現在餐館中，不算太長時間。原本是時方；如今一家又一家的店賣這菜，又賣了幾十年，看來也算是經方了。

陽春麵裏，只有麵、大骨湯、碗裏擱的少少豬油、一小匙醬油、一些蔥花、及稍燙的三五葉小白菜，這幾乎是千錘百鍊而訂出來的經典麵款。自然是經方。

餛飩麵呢，應該是在陽春麵的基礎上，再丟四顆或六顆小餛飩（八顆頂多了），便是一碗比陽春麵豐富多矣的「餛飩麵」了。但一來不能用大餛飩（不相配也），二來不能投太多顆（免得比例不對，就不美矣），這是餛飩麵的美學。大餛飩，包得富富泰泰的，不管是鮮肉大餛飩、或蝦肉大餛飩、或菜肉大餛飩，它被配以也是富泰意涵的擱料如蛋皮絲、紫菜絲、榨菜絲、甚至蝦皮（蔥花當然不在話下），這也是大餛飩的美學。這樣的一碗餛飩，絕對不會放麵條，只能是餛飩本身。這種設計，一出來，就要成爲「經方」。哪怕它出現的年歲很短！

雪菜肉絲麵，顯然是經方。在江南的市鎮上售賣，看來不只百年。

榨菜肉絲麵，我覺得我只在台灣看見。並且在五、六十年代卽有（但我強烈懷疑在抗戰時期的四川就有人這麼做了。要不就是抗戰時在大後方待過的人在五十年代的台灣發明的，一如台灣的「川味牛肉麵」）。倒是八、九十年代後它反而凋零了。至少近二十年，你去看，許多麵攤已不賣此味矣（請參〈論榨菜肉絲麵〉）。

說到湯，我們去台南常吃的虱目魚丸湯，它的擱料，常用韭菜花丁。老實說，很配！尤其如果魚丸湯裏還有魚皮、魚肚、和油條段（成爲「綜合湯」時），這韭菜花丁之出現，更增神也。這韭菜花丁配「魚腥料」（尤其魚皮、魚肚），必然是古風。也就是說，有「經方」神韻。但如果只出現近四十年，其實這「時方」也已然極經典矣。

番茄炒蛋，是經方。而茭白筍炒蛋，則是時方。台菜館子裏，常有菜脯蛋，幾十年下來，也應該早是經方了。但九層塔炒蛋，或還是時方。

我今炒蛋，常以節瓜刨薄，邊翼翹起，來炒蛋。

台灣的自助餐店，會有一道菜，胡蘿蔔絲炒蛋。這我在六十年代高中時已吃過。然在餐館或家庭從沒見人如此做。

如今自助餐館仍製這道菜。當年這菜絕對是時方，如今六十年過去，看來它或許稱得上經方了。注意，此菜只出現於自助餐店，或便當鋪子，絕不見於坊間餐館，或許人們認爲它「上不了台盤」(就像煎帶魚只出現於自助餐店或家庭中、絕不見於餐館是同理)。

回鍋肉，這道經方菜，最原初的版本，似乎就只有五花的豬肉片和豆瓣醬。純是一道肉菜。頂多加幾片蒜苗。但我小時在川菜館裏吃，它已加上了綠色的青椒片、白色的高麗菜片、黃色的豆乾片(把菜刀偏過身來，斜斜的切豆乾)、紅色的胡蘿蔔片，如此完備豐全的一道菜。故我心中的「經方」回鍋肉，看來是六十年前的「時方」啊。但它太好看了，也太好吃了，並且加碼的人甚有極爲老練的配伍概念，使這道菜最終極的版本看來必須有這紅黃白綠的菜碼也！

絲瓜蛤蜊，剛出來時，壓根是「時方」，如今當然也是「經方」了。以我為例，我吃絲瓜，多是吃清炒絲瓜。我吃蛤蜊，也是純蛤蜊湯。故「絲瓜蛤蜊」這經方，一下子就被我打破了。而人們會發明出絲瓜蛤蜊，其實頗有道理。將絲瓜與葷料同燒，我東想西想，也真的只能是蛤蜊，而不宜是肉塊。不但不宜豬肉，也更不能是牛肉羊肉。這似乎是絲瓜它的某種「麗質」個性了。故我某次為了招待客人，客人中有偏好吃素者，我雖已有葉子菜兩盤，擔心太青翠寒傖，但又不能加葷菜，遂將絲瓜與油條同燒，令這道菜裏，淺綠中泛現金黃，可稍扭轉碧綠中泛出的寒氣也。

開陽白菜，是將蝦米擱進白素素的大白菜裏，一來添些色韻，二來也微微釋出鮮氣的頗稱巧思的一道菜。但很多人早就不在乎白菜裏有個十幾枚蝦米這種

「架勢」或這種「價值」，故清炒白菜就又出頭了。也就是說，「開陽白菜」這經方，最後留存的，竟只是這個四字菜名矣。有的館子，燒這道白菜，切了些豆皮進去，不但帶進了淺淺的米黃色，其實也有豆香及嚼感，甚而它仍是素菜，眞是好方法。

就因爲中菜的配伍太有可爲，各種菜碼皆是主廚者的創作材料，於是你愈做會愈找到自己最得心應手的相配之方。也就是說，有些經方，可能你一輩子再也不想做；而有些你愛做的時方，不久就成了人人喜吃的經方。

其實米其林大廚在這三、五十年裏創作出來太多太多的自家獨門絕活，原本只如是「時方」，但早就被遠在各地的潛心學藝的有心之新秀廚師一而再再而三的重現在自己餐館的桌上，在他們心中，這根本是顚撲不破的「經方」啊！

蔥爆牛肉或青椒牛肉，是經方。八十年代中期在美國中餐館見有芒果炒牛肉，哇，這道菜眞有創意，於是，它是時方。

絲瓜蛤蜊被發明
出来 其實頗有道
理 將絲瓜與葷料
同燒 我東想西想還
真只能是蛤蜊 而不宜
是肉塊 不但不宜豬肉
也更不能是牛肉 羊肉
這似乎是絲瓜的 麗質

個性了　故我某次為了
招待吃素客人　雖已有葉
子菜兩盤　擔心太青翠寒ヽ
傖　又不能加葷菜　遂將絲
瓜與油條同燒　令這道菜
裏淺綠中泛現金黃
可稍扭轉碧綠中泛出
的寒ヽ氣也

舒國治

粵菜館裏有芥蘭牛肉這一道菜。我也曾想過，這兩物不必炒在一起。乃牛肉不宜沾到芥菜裏的水分也。蔥爆牛與青椒牛，沾的水分皆少，宜於同炒。而芥蘭牛則不同也！還不如牛肉自顧自煎一煎，單獨成一味；然後芥蘭自顧自炒成一盤，最後成爲兩碟菜，如此來吃還好一些。也於是蔥爆牛肉、青椒牛肉可一逕還在菜單上，芥蘭牛肉便從榜上除名也。

那種很注重「過去」的老國家，像義大利，見到別人做披薩，把鳳梨放上餅皮，義大利人打死也不承認那種叫「夏威夷披薩」的東西。

也就是說，有些時方，往往不見容於守舊之族也。

同時，有些創新的米其林式高級「精緻」烹調（fine dining），在北歐、在英國或許還受人歡迎；在義大利，則未必。他們習慣吃那些幾百年來家族都熟識的粗手粗腳就做出來的老家鄉那種味道。

另外，有些經方的烹調，下手的輕重，也極有關係。像雪菜肉絲麵，你若製得輕手輕腳，太不像上海弄堂裏髒兮兮的那麼粗魯篤定，就稱不上「雪菜肉絲麵」了。如今太多台灣的雪菜肉絲麵，由於雪菜醃得太淺，完全是鮮綠之色，這樣燒出來，只能說像「時方」而不像「經方」了。

說了這麼多，不是要說「經方」古典、「時方」年輕；或「經方」陳舊、「時方」有創意；或誰好誰不好；都不是。是要引導大家對菜餚有更精益求精的格致。並且對已把菜燒製得陳腔濫調至太過不堪的模樣、趕緊就此打住、令其回到本質。比方說，清炒蝦仁這道經方，永遠有人吃，永遠有人做。乃它最本質。只是有人炒出更細膩的高明絕法，像行家愛說的「熱鍋冷油」云云。所以要燒成經方或時方，皆還是這道顛撲不破的菜。白斬雞亦是。雞在水裏燙煮的火候，及出水後的晾冰等拿捏，令這道經方，得以教人千思萬想、製出它最高的妙境！炒青菜，更是。每一道皆是經方，皆是油、鹽、和青菜本身。

通常不可能擱醬油。投拍蒜或蒜茸，也看廚子之念。

好吃與否，是火候，是燒的人的筆觸，更可能是栽植的天成造化（土壤啦、早晚變化的氣候啦、沒遭受農藥或化肥之干預啦……），而不是**配方**！

如果鼎泰豐在美國開辦烹飪學校

中國菜，是很精妙的菜系，然而世界各地的外國人對它的了解很粗淺，對中國菜的享受亦很不足，這是很可惜的。我認爲要改變這個狀態，最好的方法是在國外開辦中菜的烹飪學校，這規模不只是像法國藍帶開設幾堂中國菜的課而已。

若要在西方國家之中開辦烹飪學校，我覺得在美國比在歐洲更適合；不只是美國的中菜根基較久遠，不只是美國華人較大量，更爲了美國的土地極遼闊，許多幽谷與丘陵極有可爲，種類豐富的諸多食材也極有可爲，甚至物價也較便宜。

至於開在美國哪裏？這是個好問題。開在太擁擠繁忙的大城市，沒必要也太貴。而且，選取寬大空間根本不可能。我個人覺得開在新英格蘭某處，離波士頓不要太遠，離ＣＩＡ（「美國烹飪學校」Culinary Institute of America）也不太遠，最好附近充滿了自然風光，有湖泊、森林、滑雪勝地、優秀的大學等等。

地方之細選，很可深究，先擱下。再說一事，爲何是「鼎泰豐」？取鼎泰豐爲例，只是我個人的遐想，但也更可說明開烹飪學校之精密考量。乃鼎泰豐是一個在管理、服務、供菜上極其出色的成功案例，放諸全世界，也都不多見。由這樣的內行餐飲實踐企業來規畫與開設學校，比較具堅實根基。再自這個根基開展出更能理解吃飯、更進而理解大自然、理解地球的一套過日子方式，那就太完善了！

前面說的「幽谷與丘陵極有可爲」，指的是許多蔬菜、野果、野鴨、野鹿等常藏身在廣大森林、草原、溪流近處，是極佳極珍稀的食材，即使圈養的豬與雞，或放牧吃青草的牛與羊亦是極有可取！中菜是老大古國的老大古舊之菜，相當值得用新的物料、新的營養學角度來大顯身手。

而烹飪學校最可貴的，是它附設的食堂或餐廳。這是能對外做生意的。學員與教師助教每天做出來的菜，便是食堂所供應的食物。許多觀光客在波士頓遊賞時，也樂意花一、兩小時的車程，來這個烹飪學校品嘗一下美食。

有些教學的窗戶，是可供參觀的。也就是，觀光客在進餐前一個小時，可被帶去參觀某幾個窗口，那窗內正在包小籠包、或正在把烤好的北京烤鴨取出要切、或正在炸春捲、或正在炒「宮保雞丁」。

更可貴的，這裏的中菜，搞不好有幾樣是全美各餐館裏做得最好的。所有在西方國家一百年來的中國菜，光怪陸離、荒腔走板的，在這裏皆可以得到更正。雜碎（chop suey）可以不用吃了，甜酸肉（sweet and sour pork）不必只是老外唯一的認識。

一般言，鼎泰豐在各城市的餐館，主要只售點心，如小籠包、蒸餃、麵條等，而「鼎泰豐烹飪學校」（以下簡稱鼎校）則除了包子、餃子，還著重教習與販售各省的中國盤菜（dishes）。這些中國名菜也最好有些篩選，太複雜又太陳舊的菜像樟茶鴨之類或就不取了。至若北京烤鴨、揚州獅子頭、青椒牛肉、豆乾肉絲、咕咾肉、宮保雞丁、清炒蝦仁、醋溜魚片……當然都會教。尤其是切絲的菜，是中國近代家庭最易完成之菜，更要教習詳細。比方說，先有幾十小時的「切絲」練習。切筍絲、切豆乾絲、切肉絲、切青椒絲、切海帶絲、切胡蘿蔔絲、切雪菜絲、切萵筍絲、切葫瓜絲……然後再教哪種絲與哪種絲炒在一起的合成味道。

這樣一來，愛做中國菜的老外，爲了確定他在家做得是否道地，便千里迢迢來此一試正宗版，以求修正。又因來此一趟不易，或許把附近的觀光需求一併解決了，前面所說的湖泊、森林、大學院校等，往往可與吃連結一氣。

或許鼎校還可以在附近設立一個鼎泰豐飯店（Din Tai Fong Hotel），且必須是大型的。尤其早上的早餐，便是吃小籠包、麵條等餐點（未必要弄成吃到飽式的自助餐，免有浪費與不尊重之虞），而晚上自外間遊畢回來，尚可吃備有各省菜色的餐廳，很可能來此享受中菜會逐漸成爲時尚。這鼎校所在的安靜僻地，很可能變成鼎泰豐山莊，就像賓州著名的Hershey巧克力小鎮一樣。

如果這家學校很成氣候了，附近的村鎮極可能搬進一家韓國燒肉店、石鍋拌飯小鋪，或只是小型超商但販售自製的海苔飯捲等。印度咖哩或馬來西亞三寶飯也會出現……甚至慢慢還有一家日本人開的空手道學校、一家老美開的太極拳教室什麼的……。

單單來到這裏，把車停好，即有很多節目。如買菜，也買中式甜點，如南棗核桃糕、豆酥糖、綠豆糕等。也可以順道在山莊的購物中心購買如中式炒鍋、竹編蒸籠、中式菜刀、中式茶具等等。

鼎校在此經營的超級市場，就像在西方開一家專門經營中式食物與食具的

Whole Foods，逛這樣的大型商店，是世界各地的廚師最好的知識之旅、開眼界之旅。

方圓三、五百里最好的蔬菜（尤其是經過打霜的菜，這在美國很容易），最好的牧場所供應的牛、豬、雞肉，最可靠的魚蝦，皆因鼎校的精挑細選而來抵於此。甚至方圓一、兩百里的「農民市集」（farmer's market）們皆每個週末在此不遠處開展擴辦起來。更甚至有幾個勤於摘野菜、拾野菇、採集野藍莓的田園嬉皮，他每週深入野林取得的食材，竟是鼎校與遊客中最讚不絕口的珍希佳品！

另外，由鼎校委託訂製的醬油，或許來自美國最中規中矩的釀造工坊（哪怕由老外主導，哪怕來自偏遠的肯塔基州⋯⋯⋯⋯），可能比在亞洲所釀的更正宗。甚至由西方人製出、被鼎校認可的「料酒」（米酒或黃酒或酒釀），也毫不遜於亞洲所產！醋、辣椒醬、麻油，則更不在話下了。

什麼人來學？我想世界各大餐館、飯店都將會派送廚師來此學藝。此外，想學得新的一技之長、有意自己創業的人，也可來此；曾在別的烹飪單位獲得獎學金的廚師，亦可來此繼續深造；另外，是想學了之後，做給自己與家人吃的「愛美食者」。

什麼人來吃？譬如，波士頓美術館工作人員與館外會員，以及鄰近大專院校的教職人員與學生家長；再來，政府公家單位也會挑選此處做爲宴客場所；遠地因遊樂或出差、或專程品嘗佳味的眞正愛享受美食的各階層之人。當然，那些在世界各地早就成名立萬的名廚，也可能因研討會或任何原因在此聚集享受美餐！

這會是二十一世紀的心靈工業，大夥在遠赴餐廳與衆人一起吃飯上，獲得療癒；也令自己有了新的機會，參與人群，而不是孤僻的自我遺棄。

輯二

從小到大我都愛吃土司麵
包塗上牛油　那麼簡單
的兩樣東西　卻是絶世的
組合　土司　牛油

所謂好吃

有人問，該看什麼書？我總是答：看「好看的書」。所謂好看，這個好，指的是「容易」，同時也是「看得下去」。

這就像問：該吃什麼東西？我總說，吃那些不動腦筋就吃得下去的東西。這些東西，就是「好吃的東西」。吃一看就想吃、沒有什麼門檻（像描述、像名氣、像階級、像知識……………）的東西，像蔥油餅、像冰糖葫蘆、像滷大腸…………。再說像麵疙瘩，你根本還搞不清楚碗裏糊糊的一堆料，但聞起來是那麼的香，一口下去是那麼的鮮，嚼著嚼著又不斷浮出驚喜的好料美味，而這一切你完全沒有戒心，只是不設門檻的往嘴裏送。這就是「好吃」，就是「吃得下去」，就是「容易」，也就是「與你相和」。

當然，一盤簡易的炒飯，只是深夜剩菜剩飯炒出來的，也會是「好吃」。但館子裏太當一回事說要用櫻花蝦來炒飯，結果端到面前，看一眼，就心道：「糟了。」因爲他把「與你相和」這一點拋忘了。

炒飯的難，就是難在平常心。一旦想大張旗鼓去又加這山珍、又加那海味，那這盤炒飯多半就不妙了。

什麼是好的影片？太多太多。但你坐在沙發上看著看著，愈看愈投入，卻又全身放鬆，及至看完，人從蜷曲的身形中起來，感到通體柔軟，又甚至有點餓，這種狀態，就是我說的「好」「容易」「與你相和」。

這種影片，可以是經典的藝術片，像奧遜．威爾斯（Orson Welles）執導的《華麗的安伯遜家族》（*The Magnificent Ambersons*），也可以是六十年代末、名不見經傳由勞勃．瑞福（Robert Redford）演的《飛魂谷》（*Downhill Racer*），也可以是看似隨意拍成的紀錄片。主要要你看得進去。

好的閱讀，也要你看得進去。金庸的武俠你看得進去；陳寅恪的歷史論著你若看進去了，往往會看得津津有味。倘你看了兩三頁，進不去了，那就別勉強。這就是「不好看」了。　世界上有那種高手，像莫泊桑（Guy de Maupassant）、契訶夫（Anton Chekhov）、歐·亨利（O. Henry），能把很深蘊的人生喟嘆寫成短短簡簡的短篇小說，教人毫無防備心的忽的一下就看進去了！　其實這種厲害，莫不像是把會製極好極豐繁大菜的絕技只包進十幾個餛飩裏，就這麼撒上幾十粒芹菜丁後端上桌給人隨意的做爲點心吃的那種高明？

什麼是「好看的城鎮」？這亦是同理。近年我玩了太多的原本不甚有名的城鎮，像福建永泰的嵩口鎮，左看右看就是賞心悅目。多鑽進一些角落，竟還看到幾幢木造不上漆古代屋宇，猶自透露一絲那宋朝的偏僻遺緒。再一想河南開封這個古城，滿是一波連著一波的新式樓房；即使心中想用《清明上河圖》等的昔日光環來說服自己此城之古、之典麗、之宋代燦爛，然而眞做不到啊！　它已然「不好看」了。

好吃的食物非常多，但若弄成宴席，前面四冷四熱，後面又幾道幾道的主菜，這若安排成太雄壯又不易入口，最後會是災難。　假如宴席的一、二十道菜餚，每一道都教人欣喜、都極易入口、都一直沒被撐膩（不只不被油濃口味撐膩，也不被堂皇外觀撐膩），這種宴席菜，簡直是絕品！

食物絕不可弄成裝模作樣。　乃馬上就進到嘴裏。餃子以前我們都是三十個、五十個的吃，後來怎麼都是八個、十個吃了呢？以前的皮跟餡都弄得很鄉氣、很軟塌、很不故作威武硬挺，於是一張嘴就下去一個了，吃沒多久，二十個三十個就吃下去了。這種吃，才能吃完感到全身痛快舒服。

好吃的麵條，你唏哩呼嚕吃完，才後悔剛才怎麼不叫大碗！延三夜市的「汕頭牛肉麵」常給人這種感覺。

蛋沙拉三明治，多麼簡單的一款食物，它就是吃完必定教人滿意的東西。這種食物也最不需要冠冕堂皇。並且，還不必是英國人或丹麥人做出來的。就卽使是東方的日本人做的，也照樣厲害。甚至馬來西亞怡保鄉下做的、台灣嘉義小鎮做的，都可以是不比世界任何地方遜色的好三明治。為什麼？乃它先天本質就是好的組合。我跟不少朋友聊過，說巴黎固然充滿美食，但在街頭隨意吃到的ham and cheese sandwich（是的，用英文唸出卽可），常常成為你遊法期間最滿意的食物！這便是你心中期盼的「好吃」。

講到這裏，再說說平素之美，說說樸質無華之美。

就是因爲平日吃得不好，才會動不動「美食美食」的掛在嘴巴上說。正因爲簡單的好物不懂吃，才會嚷嚷著要點佛跳牆之類菜也。

正因爲沒把磚牆瓦房的日子過好，才會動不動說豪宅豪宅什麼的。

什麼是好朋友？那麼多朋友中總有一兩個總是讓你很好相與，沒什麼裝飾的東西，該說什麼就說什麼，總是令你很接收得下去，就像一碗容易吃的東西，這，便是一個好朋友。

平淡的文章寫不好，才會殫精竭慮去寫成「假驚世駭俗」的故事。平淡中見高明的紀錄影片不會拍，於是才要找荒誕乖張的好萊塢故事拍成轟轟隆隆的影片。

平常下筆寫出來的毛筆字，如果已夠好，哪裏需要再去寫成龍飛鳳舞、行氣雄渾、墨點灑落的那種展覽版的書法！

餡有時必須極單淨
像鮮肉餛飩 就純是豬肉
不能有別物 不宜有
青菜（菜肉餛飩是另一回事
亦美味 然不是鮮肉餛飩要
走臻之味道也） 也不宜
擱馬蹄丁 甚至純豬肉的
餛飩連除腥的薑末也要
擱得極其不動聲色
甚至連葱花也要下得極
謹慎 或根本就不放

舒國治
甲辰秋

從小到大我都

從小到大，我都愛吃豬大腸。紅燒的，或是白水煮的（米粉攤的切物），我都喜歡。但都是在外面吃，小時我家並不怎麼做它。　莫非是清洗不易？（我小時在鄰居家吃，他們說「有時還套在水龍頭上一直沖水……」「拿鹽或小蘇打不斷的抹……」「拿啤酒或可樂來泡它一陣子，把異味給泡掉……」）

■

從小到大我都愛吃蔥油餅、水煎包、生煎包、菜包。只是誰做得更好些、更高明些。　這幾樣東西，眞是深得我心。　蔥油餅如能煎過再鉗進炭爐裏烤上一下，當然最佳。後來有店做乾烙的蔥油餅，也佳。　生煎包的豬肉泥餡，要調得甜腴，是一種天分。那是生煎包的絕招，當然底部的脆度與金黃火候也重要。　菜包的豬油與青江菜之配合，像「康樂意」或如今的「康記」，眞是絕唱。這是江南式食物之最成熟表現！

■

各物融在一口之中的那股美味，最是我激賞的。所以水煎包裹又有韭菜、又有粉絲、又有豆腐碎塊，有時還有油條屑的，各物皆混融於一個包子中，眞是太美妙了。

當然有時餡必須極單淨。　像鮮肉餛飩，就只能是豬肉，不能有別物。不宜有青菜（菜肉餛飩是另一回事。亦好吃，但不是鮮肉餛飩要達臻之味道也），也不宜擱馬蹄丁。甚至純豬肉的餛飩，連除腥的薑末也要擱得極其不動聲色。甚至連蔥花也要下得極謹慎。或根本就不放。

好的豬肉小餛飩，據說肉泥要抹在皮裏有點「幾如無物」，但咬下去，又有肉的立體滑味，而非口裏盡是薄薄的麵皮。　但肉餡中絕不需咬嚼，絕沒有瘦肉之柴。這有賴肥的比例不可太低。總之，咬下去要有肉的腴感，但不可露出膩油氣。　並且，要跟麵皮融成一氣。

從小到大我都愛吃獅子頭。中年以後，甚至認它爲我最愛吃的一道中菜！　而且它是豬肉菜。比羊肉菜、牛肉菜都教我更喜愛。也比雞肉菜更愛。

甚至中年後，更強調要吃「肥六瘦四」的比例。　也就是，要腴些更好。

至若用刀切（而非絞肉）更是不在話下。

■

從小到大，不，只是小時，我愛吃一種廣東館子的點心，叫「雞肉大包」。是當年（五、六十年前）西寧南路上的「台灣戲院」（後來改成「中國戲院」，日據時代是「台灣劇場」）旁邊有得買，我父親進戲院前會買一個給我吃。眞是好吃。但不是很多餐店有做。

長大後，不大有地方售，故我也就不常吃了。九十年代常遊香港，也忘了去打探何處有此物吃。前幾年遊加拿大溫哥華，在華人聚區某一店飲茶，竟有「雞包仔」，也蠻好吃，個頭小些，已教我回味不已了。

從小到大，我都愛吃廣式的「倫教糕」。雖然不常吃，也未必處處易見。但台北仍有一兩家。像寧波西街羅斯福路口的「國鼎」，似乎博愛路的「世運」也或有。廣東的市鎭或甚至香港街頭，我看也不算多見。倫教糕，是米磨成粉，再微發酵而製成的，吃起來甜中帶點微酸，是很不油膩的甜食，也是極好的茶點。更有意思的，它的長相好，有些晶透模樣，還帶些氣孔，單看它，便頗淸雋，與油稠稠的蛋塔之望上一眼，全不同也。

■

從小到大我都愛吃蘿蔔絲餅。有一種包成像蟹殼黃，然後貼進爐裏烤的。另有一種包成扁圓型，放進平底鍋裏煎的。

我固然一聽蘿蔔絲餅四字，都愛吃；但隨著年月，近一、二十年來吃到好吃的，實眞不多。主要蘿蔔絲的工夫下得不夠。把蘿蔔絲包進餡裏，這蘿蔔絲不能生脆兮兮的就包進去。需要花些「馴化」的工夫。通常是油炒，甚至還要燜一下，然後放冷。

就像從小到大我都愛吃蘿蔔糕一樣，都因爲蘿蔔這東西切成絲、燉爛了、混進了米漿或麵糊，蒸熟或煎酥後，永遠是那麼的叫人抗拒不了。它那種濃臭臭的嗆味竟是如此迷人！

某一年在美國 New Hampshire
州玩 進一餐廳 第一道先
上麵包 是 sour dough 的 它剛烤
出來熱騰騰的 用手撕開
已是麵香四溢 取牛油塗上
一咬 哇 怎麼如此香美 心想
糟了 那後面的主菜說什麼
也不能超越它吧 事實上
西餐裏太多後面登場的主菜
很少超越前面的麵包與牛油
這就是人生的實況

舒國治
甲辰秋

這也像蘿蔔排骨湯永遠是那麼經典，雖那麼家常卻你每隔一陣都想吃它一碗的那種恆存！

■

從小到大我都愛吃土司麵包塗上牛油。雖只是那麼簡單的兩樣東西，卻是絕世的組合。土司，牛油。

新鮮的白土司，軟軟的，塗上牛油，就好吃。　烤過了，毛細孔撐開了，表面脆了，這時黃油抹上，哇，更絕了。

後來吃到了sour dough（酸麵糰）麵包剛烤出來，塗上牛油，更更好吃啊。　某一年到了美國New Hampshire的Walpole小鎮玩，中午進了鎮中心的一家館子Burdick's，叫了一份餐，第一道先上麵包，它剛烤出來，熱騰騰的，用手撕開，已是麵香四溢，取牛油塗上，一咬，哇，怎麼如此香美，心想，糟了，那後面的主菜說什麼也不能超越它吧！噯呀，這如何是好呢？　其實，西餐裏太多後面登場的主菜，很少超越前面的麵包與牛油。這就是人生的實況。

■

從小我愛吃蝦仁土司，但長大後吃不到了。　這是一款我幾乎要稱它「民國式點心」了。　我並不是在店裏吃到，也不是在自己家裏吃的，是在我父親到友人家打牌、牌局至半途，恰是下午點心時刻，那家的男佣人端來點心，便是這「蝦仁土司」。我小時一吃，驚爲天人。

但後來也不知在別的商業場合有沒有吃過個兩三回，忽的一下，幾十年飄過，坊間不但不見售賣，甚至世人壓根不知道有這一款點心！

至於說它是民國式點心，乃這東西哪怕在美國在歐洲頗多地方，早就不彈此調了。它太可能在一百年前卽是很「鄉味」的點心，並且流播地域也很窄，像亞美尼亞或是波蘭，或是俄羅斯的某些地域之類的。六十年前我在爸爸朋友家牌局上吃到，很可能這家人在更往前十多年的牌局上做這點心是在四川重慶也不一定，並且同桌吃的，還有一兩個美國空軍同僚也可能。

也就是，蝦仁土司之進入中國，會不會是經由「白俄式麵包房」在各省大城開設鋪子所引進？故而天津或有人早吃過，青島早有人吃過，漢口早吃過，上海吃過，南京吃過，重慶吃過等等。但更有可能它在廣州落腳得更深實些，令太多的廣州師傅勤於精製它：剝蝦殼、剝蝦仁、切肥肉丁、抹蝦泥、切麵包邊⋯⋯⋯⋯自此以後，太多人嘗過「廣式標準版」後，哪怕戰事一起，大夥都到了大後方，重慶、昆明只要一吃起西式點心，這蝦仁土司便浮上了美味檯面。

■

從小到大，我一直愛吃白花椰菜。如果每餐的四菜一飯，這四個菜中若必有一道蔬菜，則白花菜會常常被我選到。至於菠菜會較罕被我選到。這個例子，馬上說明我對這兩種蔬菜的喜歡程度。

後來不知道是土壤的愈發澆薄了，抑是台灣冬天不夠冷了，總之如今的白花菜少了昔年的那股屬於它特有的清香氣了。倘有一個山農在某片原生土壤上種植白花菜，我能不時買上一兩顆，那會多幸福啊！

從小到大我都愛吃大白菜。尤其愛它的特有之清香。這種清香甚至被人說「在高冷山上清晨剛打過霜採下來，要好吃最好別剝開來洗！」哇，這必然有道理。那當然是沒灑農藥也沒施化肥的那種有機大白菜！

■ 從小到大我都愛吃黃魚煨麵。後來黃魚沒了，但用別的魚燒成的煨麵也一樣教我喜歡。原來是魚燒得爛爛的來和麵條同煨這件事教我胃口大開。這其實和吃麵疙瘩、吃雞粥搞不好是同樣道理。

但用魚來做煨麵，在於魚的下巴、唇喉、肚腹所釋出的腥氣最適合發揮在煨麵上！把「腥氣」燒在佳肴裏，是寧波人及一些海邊百姓（台灣必然也是）原就具備的美學。

■ 從小到大我都愛吃糊糊渾渾、各物融於一鍋的東西。所以麵疙瘩啦、胡辣湯啦、雞湯海鮮什錦粥啦，甚至白菜滷投入米煮成白菜粥等等，都是最受我趕

從小到大我都愛吃黃魚煨麵
後來黃魚沒了 但用別的魚
燒成的煨麵也一樣教我喜歡
乃魚的下巴 唇喉 肚腹所釋出的
腥氣最適合發揮在煨麵上
把腥氣燒在佳餚裏 是寧波人
與濱海地區百姓 如台灣人等 原
就具備的美學

舒國治

緊放進嘴裏、或嚼或不嚼、不久吞入的好味道。

從小到大，我都愛吃雞粥。或羊肉粥。或剩的白菜獅子頭煮成的粥。

爲什麼？因爲它們的湯汁鮮渾一氣，也因爲它們的肉肥腴香美（羊肉要帶肥的。獅子頭肥的部分也多）。最重要的，煮在粥裏，你不用辨識就囫圇吞下去了。

它鮮美到你不想知悉它是什麼，就往肚裏咬吞了。

然說吞，又不對。我煮粥，多是煮得很稠；也就是吃這碗雞粥，需要在嘴裏咬一咬，哪怕咬不到硬物，也絕不是「喝」下去的。

雞粥，多半是白菜雞湯煮出的，不用咬雞肉塊（雞腿早取出，切成白斬雞了。雞胸也取出，撕成雞絲與櫛瓜絲拌成涼菜了）。

羊肉粥也只選帶肥帶筋帶膜部

位，煮完，一口吃下，輕咬即能吞下。

■ 從小到大我都愛吃包在粽葉裏的飯。那種搗在封實的葉子裏的米飯，眞是香啊。

所以，粽子我極愛吃。尤其是湖州粽子，因爲它的燉煮法將米燉得爛極，同時將肥肉也煮得入口即化了。　而台式粽子，也極好吃。乃飯有它的嚼勁，米香照樣飽滿，肉塊不爛也嚼來香美。

連廣東茶樓的「荷葉糯米雞」，我也必點。

江西菜的「粉蒸肉」，如做成「荷葉粉蒸肉」或甚至荷葉「米」蒸肉，我一定會極喜歡的。

從小到大我都愛吃蛋炒飯。　主要它也是「各物融於一盤」之至味。

但是，它又是很有它自己美學的一款食物。乃它是不能啥料皆投的「恰恰好」高標準的東西。

也就是，你進一餐館，點一盤只有蛋、飯、蔥花的蛋炒飯，他要價一百八十元。而菜單旁邊有另一道「三色豆什錦蛋炒飯」，只要價八十五元。　那你馬上在心裏，激起好幾個想法。

這些想法，或許教你一剎那間學到不少事情。　不管你最後點了還是沒點，或是點了一百八十的沒點八十五的，或是兩盤皆點，總之，那個開立菜單的老闆，心中之所想，必然最終傳達給你了！

■

從小到大我都愛吃煲仔飯。主要是愛它這種砂鍋的煮飯法。生米和水在下層，上面鋪了臘腸等物，這麼用火候把這鍋飯燒熟，竟然如此天成、如此香、下層微微的鍋巴如此好吃！

後來不怎麼吃這種廣式臘腸，也不怎麼吃廣東的叉燒油雞燒鴨，更不怎麼吃廣式的「醃嫩牛肉」了，但偶吃煲仔飯卻又顧不得上面的鋪物是啥了。

韓國的石鍋拌飯，鍋底放在火上稍燒，令漸要生成鍋巴，也是受我喜歡。但這種火候的考究，也包括不能像坊間那麼下一瓢醬（醬滲到飯底，就毀了），更不能攪拌。

怎麼說呢？飯鋪在底層，上面有幾樣菜輕輕壓著，那些菜（像牛肉片、黃豆芽、泡菜、海帶、涼拌黃瓜等）和飯貼著，當飯受到鍋底之熱，逐漸傳至其上的冷菜，這些菜的香氣便一點一點釋出，同時，最重要的，它所壓的飯，獲得了它的滷蘊之鮮氣，這是最香美的滋味。而這些菜的微少汁氣也不免會滲到飯縫下的鍋底，同時造就了鍋巴的鹹汁味。但必須極少極少，否則就不好吃了。這也是為什麼絕不可下醬與攪拌也。剩菜，是石鍋拌飯最好的朋友。炒過的豆乾絲一小撮、黃豆芽一小撮、牛肉絲一撮、胡蘿蔔絲炒蛋、冷的油爆蝦幾隻、芥蘭菜一撮……令它們乾乾的鋪在飯上，小火慢慢的熱它，幾分鐘後聞到香氣，就是吃它最美的時候。

■

從小到大我都愛吃菜飯。我家的菜飯，用的都是青江菜。乃青江菜在天涼時最盛產又最廉也。這說的是寧波菜飯。其他江南地方看來也是這麼製，不管是上海、蘇州、杭州等。

本省有些家庭也做菜飯，有的用高麗菜，有的用「菜豆」（卽豇豆），有的用芋頭（那往往被稱爲「芋頭飯」而不是「菜」飯。乃「菜」指有葉子者）。

中年以後，我自己做菜飯，用的是大頭菜（芼藍）。　我自己做菜飯，從不放鹹肉。　近三十年愛用芼藍，不但愛它的油炒過後的肥莖釋出的香氣，也愛它看過去所呈的淺淺白綠色。　菜飯如要配菜，我只想配一顆獅子頭（曾想過，如在日本開一家小館，每天只賣三十客獅子頭，所配的飯，便是這種菜飯）。　但菜飯其實很宜單吃，不配別物。我自己燒的菜飯，能一次吃三碗。我多年來常常想爲什麼。最後只得到一個結論：它的油氣、菜氣、與米飯之相融，或許最適於胃納，也最與胃相親。我眞是百吃不厭啊！

■

近十多年，我回視這些食物，竟然感到頗遙遠的。也就是，我還是愛吃，但一、不太碰上了（太多店不製矣。或製成太荒腔走板）；二、常忘了找來吃（人生漸趨單簡矣）；三、甚至不太在乎吃不吃得到（能碰上就吃，不易取得就不強求）；四、有的還儘量避開（例如澱粉啦、精碳啦、拖延代謝啦……………）。

但它們會被我憶起，被我一直談到，就是時代極高極高的價值！

醬油菜其實是傷害了中菜的進步

人一想到熗麩，就想到它是醬油、糖的那種燒法。卽使它裏面的冬菇、黑木耳、筍片、毛豆這幾樣菜碼，也必須沾染到醬油味。

人一想到油燜筍，就想到了它的醬油滋味。人一想到蔥熗鯽魚，就想到了它的黑黑的顏色，想到了它的醬油調味，甚至一些糖與醋的優美調味。

這幾道小菜常在江浙館的冷菜櫥子裏壓根就並排放著。

有太多時候，這幾碟小菜都上了我們桌子，還沒叫熱菜前已這吃幾口、那吃幾口的頗吃了一些。突然感到，嘴巴裏飄著一種共同的熟悉味，一想，竟是醬油氣！

它們的味道確實是很好；但如果我們不想吃那麼多的醬油式之調味，怎麼辦呢？這就必須開始創新！

也就是，你要想，如果我要吃麩，但不用醬油、糖來燒，能有辦法嗎？

如果我要吃茄子，但不用醬油燒，不做成紅燒茄子，能做出何種樣的茄子菜呢？如果想吃豆腐，但不做成紅燒豆腐，可以嗎？如果想吃獅子頭，但不做成紅燒獅子頭，可以嗎？如果要吃牛肉，但不想吃紅燒牛肉，行嗎？不吃紅燒豬腳，不吃紅燒划水，不吃紅燒這個、紅燒那個，可以嗎？

曾經有一個ＡＢＣ（生於美國的華人）朋友，來台灣都好幾年了，他說：「我吃中國菜，常有一股肚子不舒服，偶爾還鬧肚子。但我吃麥當勞之類西洋食物，稱不上美味，但反而沒問題。」我和他聊過這問題，我說：「會不會是醬油之類的問題？」他說：「很有可能。」

隔了很多年，我常在某些時候吃三明治或漢堡之類西餐食物，常常吃完，覺得口齒甚是「簡清」；再一想，適才吃的那碗麵與滷菜，反而吃完不但口中不「簡清」，似乎身腹也微有累意。

這個「身體有累意」的食後感受，我近十多年頗愛關注（當然跟進入老邁會有關係）。事實上在台灣吃完東西，常有此感，不只是醬油而已。

難怪我在台南吃溫體牛肉，他好幾種醬在那邊，我嘗過幾次，皆不合意，後來索性只吃牛肉原味，吃完，覺得反而鮮甜。從此，凡吃清燙溫體牛肉，皆再也不沾醬了。如此，轉眼又十多年過去。我到花蓮，最愛吃的「牛巴達」牛雜鍋，也從不沾醬。如今我凡吃米粉攤的大腸、喉管，也再也沒請他擱醬了。當然我在大安站後面「中原牛肉麵」吃燙青菜，也囑他免擱醬！

醬油，除了「醬油味」令菜染上某種氣韻（你未必全愛之氣韻），並且醬油此一工業製品，早就教人懷疑不已了！懷疑什麼呢？懷疑它裏面添加了那些很容易教我們口渴以及累累的、要經過幾小時後才得淡釋的口腔及身體感覺！　太多的味覺敏感者會說：「六、七十年前家旁邊常見的老醬園，那種醬油才叫醬油啊！」這是確實之事。　另外，擱醬油一事，如何能一逕操之在別人手裏？這就像敏感的平素健康人在考慮要不要吃藥時會想的「藥品如何能操之在藥廠手裏」是一樣道理。

你如要做出自己的味道，如何可以說擱就擱呢？

我二十年前在大陸朋友家吃饅頭，淺淺的塗蘸了一點他親戚做的豆醬，眞是鮮美。頓時盡了六、七個饅頭。　後來我一想，我從來沒用饅頭蘸醬油的。老實說，也不見人如此。　又我吃水煮蛋，蛋殼剝了，剖成兩半，只會撒少許鹽及胡椒，絕不會滴醬油。　又我自小就不怎麼喜歡以油條蘸醬油。　可見醬油有一種醬以外多弄出來的調鹹、調黑等等的質物，未必完全可取。更別說坊間製醬油已想當然耳的製成黑色的汁水，於是就成寶了（君不聞「一家烤肉萬家香」的廣告句子）！至若我吃小籠包或水餃，皆只沾醋、薑絲、偶滴幾滴辣椒，從不擱醬油。

醬油眞的不是萬靈丹。

醬油動不動就放在菜裏的烹調習慣，往往令中菜成了「陳腔濫調」的那種菜系！

我常想，要請外國朋友吃的中國菜，可不可以儘量降低醬油烹製的比例、而他們照樣吃得滿意？　如果是蔥爆牛肉，就是沒擱醬油的蔥爆牛肉（牛肉醃時只用酒、糖、抓蛋清，沒放醬油）。如是蛋炒飯，就是蛋、飯、蔥花、鹽、油而已，沒有醬油。蒸魚或乾煎魚，亦不放醬油。哪怕是「燒魚」，也可以不製成「紅燒魚」。白斬雞，不知道老外會否喜歡？但以我自己，幾乎是不可能吃「紅斬雞」的。如果是宮保雞丁，就是沒放醬油的宮保雞丁。甚至牛肉麵，也可以做成沒放醬油的牛肉麵。牛腩、牛筋匯燒成的白湯牛肉麵（甚至湯少一點），撒上蒜苗、香菜、蔥花，也可以是一碗現代極矣、又中菜極矣的一碗好麵。

唉，醬油何曾要弄成飯桌必物呢？

這種有醬油、有糖、有上述菜碼（毛豆、木耳、冬菇、筍丁）的熗麩，如果稱之為「經方」，那麼米其林的大廚用同樣食材卻不去調製出醬油、糖的「時方」熗麩，該會怎麼做呢？

我說的就是這件事。

如何做出新意的、有經典滋味的、不凡菜必只能加醬油那一套的，卻仍然是中國嘴巴一吃就知是中菜的那種「尋常中國菜」？

像荷包蛋就沒有問題。加幾滴醬油或不加，皆不礙。它的好吃與否，在於火候。即：要恰到好處、要嫩、要不過焦過老，當然也不過鹹（由於蛋是麗質天生，根本不宜過度調味）。

像炒青菜也沒啥問題，就是吃它的本質味。像炒A菜、炒空心菜、炒莧菜，都是純炒，根本沒有放醬油的機會。至於拍蒜去炒，亦可有可無。

青菜，是米其林大廚最「無用武之地」的材料。因爲青菜的原味，最不需要施以「米其林式的高超技藝」。

但中國菜太多的「配方菜」；如今要怎麼把配的「陳腐法」去除，把陋習的調味法改掉，才是做出「更上一層樓」的好中菜之要務。

調味料先一罐一罐備好的糟糕系統

中菜餐館廚房調料檯上的那些罐子是把中菜要燒成陳腔濫調、百菜一味、烏漆嘛黑、毫無新意的錯誤方法。

花生油一罐、豬油一罐、醬油一罐、醋一罐、麻油一罐、米酒一罐、鹽罐、味精罐（稍進步些的，已把這罐撤除）、辣油罐……另外一缽一缽的蔥花、蔥段、薑末、薑片、蒜丁、蒜茸、拍蒜（這項倒是常臨時拍）、蒜苗……豆豉、臘八豆……

於是大廚要炒菜時，他的杓子一下舀一杓花生油，過一會打一杓醬油，過一下投蒜片，起鍋前噴一點醋，再加一杓米酒，最後投一點蔥花……

這種燒菜方式，中菜怎麼能每一道菜餚有其本來面目？怎能將每個食材先創想它能弄成什麼味道的食物？

豇豆被炒成辣椒、豆豉的豇豆，固然味道不錯；茄子被燒成魚香茄子固然味也不錯；豆瓣魚固然味道也好……但會不會這些原材最終都被人遺忘了，只記得辣椒豆豉炒豇豆、只記得魚香茄子、只記得豆瓣魚，而忘了豇豆、茄子、魚他們自己的本味？

這是因循式燒中國菜之後形成的中餐風景。

家庭猶有機會逃開這關。館子常是主要的此種因循之實踐者。豈不教人擔心？

中菜的「套路菜」，可以好好改一改了！

中菜調味料配擱之泥固因循是其退步主因且看大廚動輒淋醬油投葱蒜下縴粉造成每盤菜皆是那套味道太陳腔也

舒國治

陳腐字眼與雕梁畫棟

林琴南的書名，如《孝女履霜記》、《五丁開山記》、《情橋恨水錄》、《雨血風毛錄》……等等，太多太多，這些是何等陳腔濫調的字眼！

乃這些字眼之增花助飾，終變成虛文、浮文，而世人竟然忘了感覺，任他下去！

這就像餐館裏擺盤，總要切一朶染紅染紫的蘿蔔，擱在盤子邊緣，是一樣道理。

而菜名要叫「百鳥朝鳳」，或曲名叫百鳥朝鳳，再像「孔雀開屏」，便是這些東西，幾百年來圍繞在吾人身邊，令吾人想追求本質、直觸核心、一口就嘗到原味的小小願望，竟完全得不到矣！

粵菜何等精妙細緻，然成熟太至高處，那些菜色的腐氣、因循氣，便跑出來矣。尤以那些湊成五個字的菜名，爲求繁華、錦繡之感，實在大可不必！

這些菜名如：北菇扒菜膽、香芒鮮玉帶、白灼響螺片、油泡鴛鴦魷、百花釀蟹鉗、香橙炸乳鴿、生炸禾花雀、香煎芙蓉蝦、碧綠炒鱔絲、珧柱蒸肉餅……讀著這樣的菜單，心中已想：我等下眞的要吃這種「行貨」般的菜嗎？

這是我進香港、美國、廣府的粵菜館最感到不知如何是好的地方。

哪怕他的菜做得還眞不錯。

可見繁華，有時是陳腔濫調的來源。

又想到中國的拳術與劍法，也在招式上愛起「陳名」。隨手翻開一本劍譜，入眼的盡是這些似熟悉又似不甚了解的招式名，像白猿獻果、青龍出海、黑虎坐洞、仙人指月、二龍戲珠、探驪得珠、夜叉探海、玉柱擎天、撥葉尋花、追風趕月、大鵬展翅…………唉，這難道是文化太成熟時、太臻高峰時，不免會呈顯的頹唐之勢嗎？

我在太多太多唐人街的賣粵菜的中餐館吃過飯，深感他們的Menu上的排得滿滿的菜名實在教人很搖頭。牛肉欄下，就有青椒牛肉、滑蛋牛肉、蔥爆牛肉、干絲牛肉……豬肉欄下，雞肉欄下，豆腐欄下……都是寫得滿滿的（內行人一看這種Menu，心中早知這些食材必是冰在冰箱裏）。

這種「菜色極豐富」、「菜色無所不包」的思想，不知會吸引什麼樣的食客？

把菜色訂出太多太密的飲食文明，有一點想表現出琳瑯滿目的那種風采嗎？

是不是也有一點像廟堂建築在許多斗拱、藻井、飛檐上多所著墨以求呈現繁華、典麗、複雜等效果。哇，這是佳美的結果嗎？

難怪我愈來愈希望吃到簡單之食物，原來「繁華」是如此教人消受不來啊！

炒青菜的用蒜時機

我最常在鼎泰豐點他的炒青菜。其中我最愛的，是炒Ａ菜。

有一次，我約了幾個朋友同桌，點到「炒Ａ菜」時，我特別交代「不要放大蒜，麻煩你。謝謝！」朋友聽到了，問我：「你不吃大蒜哦？」我答：「我吃。但在青菜裏，我是有限度的吃。」接著我又說：「這裏的Ａ菜，選得最嫩；鼎泰豐雖是賣小籠包的國寶級名店，但它的青菜精挑細摘，尤其是Ａ菜，外頭館子裏的Ａ菜沒這種水平。然而，他炒時會擱蒜茸，這和我吃青菜的習慣不同。如果他是拍蒜，蒜肉沒有一粒一粒的滿佈菜葉上，那這種蒜味，我吃。而他切細成蒜茸，我每嚼咬菜葉時，原只希望純粹是咬碾葉子，不怎麼樂意還咬到蒜的丁丁顆顆，所以囑他別放蒜算了。」

「當然，我也或許可以麻煩他『改成拍蒜』，但那我這客人就太麻煩了。正因爲鼎泰豐服務極細心體貼，我才敢請他『別放蒜』。」

這位朋友聽我這麼說，有一點訝異。她說：「我以爲炒青菜放蒜，是天經地義的呢！」我說：「的確，如今坊間的燒菜習尚，有這麼一點傾向。這也是中菜接近『敗壞』的某種徵兆。並且，也不是從今天才開始，搞不好從明代就開始（像蘇州），也搞不好從宋代就開始（像河南），也搞不好從清末就開始（像揚州）……」關於這點我下次慢慢道來。今天只說用蒜。

我於是和同桌的幾位朋友聊起蒜來。

我說，以我家爲例，小時候我媽媽炒青菜，似乎只有炒空心菜會拍兩、三顆蒜進去炒，其他青菜，不怎麼見她擱蒜。

當然，她是寧波家庭主婦，先天上不大比湖南、江西、貴州的主婦用的蒜料那麼常。但她也不是自詡烹飪大師，也不懂潔癖的「絕對美學」（像燒黃魚如此嬌嫩的魚也照樣粗手粗腳用雪菜來燒），也不知道世上有米其林那套燒菜燒得可讓人躊躇滿志，只是自然而然燒得一手好菜的尋常眞正過日子、眞正在廚房的一位媽媽。

所以，她不每種青菜皆用蒜，不是她的「想成爲美食家」的挑剔美學。是她的對菜之自然味覺。

說到「對菜的自然味覺」，你且去看，炒冬筍，絕沒有人加蒜的。炒藕片，也不會，炒百合、炒蘆筍全不會加蒜！也於是，我家的青江菜從不見蒜，小白菜也不見蒜。菠菜嘛，我不敢確定；但多半是無蒜的。莧菜，也不確定；看來也未必有蒜。

但奇怪，空心菜我媽常做，必然拍蒜。這是我最印象清晰的。

廣東人有「南乳通菜」，七、八十年代以降我們朋友中多去了香港後，常在台灣的廣東館子點空心菜，愛點這道菜。這是當年的潮流，但九十年代末、兩千年後，台灣人又回復吃空心菜是吃它的本味，不興加豆腐乳了。

有時在外間吃飯，點小白菜，它上來時，是加了薑絲的。其實也偶爾不錯。但自己在家中炒，未必會想「去寒」這一念頭，而把薑切絲加進。

這就像，在家炒絲瓜，不怎麼考慮做成「干貝絲瓜」。至於做「蛤蜊絲瓜」，那是原要攝取蛤蜊這樣食材。

苦瓜，倘在店裏，常被供應「苦瓜鹹蛋」。若想吃「清炒苦瓜」，還不容易呢！另就是，苦瓜清炒，的確像是不易「完備」，所以家裏和店裏製苦瓜，若不燒成「紅燒」，就會加豆豉、蒜頭爆炒，總之，對它下手下得濃重些。

無調味料理

其實很多菜我吃的已然是無調味料理了。

或說，原味料理。或，淺調味料理。或者說，僅僅放鹽的料理。

像白斬雞，就是把雞燙熟了，加一點鹽的料理。而它的鮮美，是它的本質。放冷後，它的皮下的微鹹又鮮的果凍，就如同它的沾醬，與皮肉嚼在一起，好吃極矣。但它卻又是完完全全的一道「無調味料理」。

白灼蝦，亦是。就只是把蝦丟進滾水裏燙幾十秒，撈起來，就是一道完全不寒酸的菜，你看可有多厲害！當然，多半放一點鹽。但你去看，放了鹽的，做成鹽水蝦，其實和完全不放鹽做出來的蝦，味道皆在蝦的鮮上，而不在蝦的鹹味上。

可見蝦在「天生麗質」上的重要。

至於湯蝦時丟進的蔥段與薑片，固然也算調味料，但更可視爲「調氣場之料」。人們把白綠相間的蔥與白黃色的薑擱入，說是除腥，固然，蔥也助了甘甜，但其實更是給蝦搭配場面，算是令這道菜更有聲勢，否則只蝦一獨味，太孤單也。

再者，說調味，蔥根本是它自己的味道，可以夾來吃的。它調不調進蝦的身上，其實不深濃，反倒是它自己被水在火候適宜中燙至恰熟，本就是可吃之好味道。

完全可以視它爲這道菜的其中一味，而不是「調味料」也。

薑，倒是注入了辛辣氣，比較算「調味料」。並且，薑調完味後，人們未必取它來吃。

我常吃的排骨海帶湯，也是同理。一來，它惟一的調味料，只有鹽。二來，排骨要吃，海帶也要吃。當然兩者會助味於對方；排骨會鎔鮮腴給海帶，海帶亦釋油腥與微鹹給排骨。同時兩者的佳質皆會進到湯裏。

另一我常吃的，是玉米排骨湯。我凡吃玉米，皆是自排骨湯中取來吃。

黃色玉米，與排骨湯燉上半小時，湯已然有甜味了，於是如果這鍋湯完全不放鹽，也是一鍋有味道的湯。

河南南陽有些鄉鎮，早上的集市賣的牛肉湯，是完全不放鹽的。卻照樣鮮甜。你道窮苦之地凡吃食往往弄得口味濃重些，非也，這鍋牛肉湯完全是原味！他們吃出了這種美學，最後就一直延續下去。

蘿蔔排骨湯，更是家常又經典的湯品。只要公寓中有家庭燉這道湯，鄰居皆會聞到它的濃郁香氣。它也是原味料理，只擱鹽。製這湯有一訣竅，即少放水，有一點像「蘿蔔燒排骨」。這樣的燒法，要開小火，慢燉，儘量不掀蓋，如此幾十分鐘後，排骨的瘦肉可以比較不柴，而蘿蔔鮮腴極了。

由於蘿蔔排骨湯太家常了，故你去看，台式的滷肉飯小吃店裏的湯品，只會賣一盅一盅的「苦瓜排骨湯」、「金針排骨湯」而不賣蘿蔔排骨湯。

魚的做法，更是大部分接近「無調味」。像我小時，我媽媽常做一道「清蒸海鰻」。市場買來一段長方形的海鰻，差不多像今日手機的寬窄，只是更厚些，帶皮，上擱薑片與蔥段，抹少少鹽，去蒸。

這魚的好吃，在它的肉質。不必在它的鹽鹹，也不在薑的辣沖。

同樣的，清蒸虱目魚，我媽這個寧波家庭主婦也會取這款台灣食材來做。往往是蒸半尾（整條魚的長度會略長於手掌。也同樣只有鹽、薑、蔥）。

黃魚，那時猶未絕跡，我們家當然也吃。只是即使它是那麼的肉質細嫩，我家並不取之清蒸（廣式的「清蒸黃魚」可惜那時我們還不懂）。都是拿它燒雪菜，或拿它做黃魚羹，或炸成「拖黃魚」（剁成小塊，拖上麵衣，下油鍋炸）。當然，也紅燒。

也就是，我吃的黃魚，沒吃過「無調味料理」。

煎荷包蛋，只是擱鹽，也已是公認美味。哪怕太多小店要在端上桌前淋幾滴醬油膏，或是在起鍋前灑少許醬油，也未必勝過它的不施脂粉之原味。

何也？蛋的麗質天生，不宜小覷！

我近年吃的最多的，是水煮蛋。煮完剝殼，對切，再在各半的剖蛋上撒上鹽、胡椒與橄欖油。這樣的蛋，如果來自養得久一點的土母雞，味更美！有時配著挖好的酪梨肉、燙好的蝦且剝了殼的、及熟透的番茄，已然是健康極矣一頓美味早飯。而它們的調味料，不過是鹽、胡椒、橄欖油或幾滴檸檬汁。

中國菜裏的炒青菜，絕大多數是原味料理。台灣尤其是炒青菜的天堂，因爲台灣人的飯桌最不怕青菜的盤數上得太多（這是一個堪稱鄉意自在、不怎麼受規範的田家天堂。與日本這個緊守規矩、有板有眼、凡上桌之菜，綠意絕不可「盎然」，否則就寒酸矣，是迥然不同啊）！像有了一盤炒菠菜，再有一盤炒芥藍也不怕。有了一盤炒絲瓜，還想再來一盤炒苦瓜，甚至還有一盤燒茄子，都是容許的。這種對蔬菜在飯桌上的放任，所以我說台灣是炒青菜的天堂。

我前說的「青菜是米其林大廚的敵人」，便是青菜幾乎只能以保住它的原味來燒，空心菜是空心菜的原味，小白菜是小白菜的原味，A菜是A菜那微苦的清香原味，地瓜葉是那種墨綠黏滑的濃汁味，白的花菜是它的微甘又香腴的甜美味，菠菜是菠菜的草酸感下的青澀原味……它最好的烹調方式，就是它取自最好的土壤、最好的清晨打霜、最不沾染農藥……。

我家炒青菜，也皆只是油鹽。有的青菜會丟一、兩顆拍碎的蒜瓣，像空心菜。但大多數的菜，只是純粹清炒。尤其像青江菜，絕對不丟蒜。

這麼一來，弄出了我的吃菜美學。我若在坊間見青江菜也丟蒜的，便絕不會點。另外，炒青菜最好是拍了蒜，丟進去炒；如果切成了蒜茸，那就不妙了。雖然只是油、鹽，太多的青菜dish，已然極經典了，已經是太多華人每天如此吃的烹調法了。像炒菠菜、炒莧菜、炒芥藍、炒小白菜、炒豆苗、炒草頭（雖然上海、蘇州等江南地方喜歡炒成「上湯豆苗」、「酒香草頭」）、炒苦瓜（雖然台灣很多店裏喜炒成「鹹蛋苦瓜」）、炒空心菜（雖然廣東與香港喜炒成「腐乳通菜」）、炒絲瓜（雖然太多店鋪或甚至家庭喜炒成「蛤蜊絲瓜」）、炒高麗菜（雖然自助餐店常將胡蘿蔔絲和它炒在一起）皆是。……但純粹單獨清炒成一味，仍是太多華人吃青菜的常態雋永版。

尤其是葉子菜。

至於梗子菜，像白花菜、綠花菜、芥菜心、萵筍，其實也是。

而瓜類菜，像大黃瓜，我最喜歡獨炒，再蓋蓋子燒一會兒。這是我最喜歡的一盤蔬菜。而炒瓠瓜、炒絲瓜、炒苦瓜等，皆可以「無調味」方式來烹調。

當然，這菜和那菜同炒，也只是油、鹽，也算「無調味料理」。如筍丁蠶豆，是將筍的鮮氣渡一些到蠶豆那邊去。這是很高妙的中式菜絕招。尤其筍丁切正方，而蠶豆呈橢圓，有方有圓，一綠一白，煞是好看。

再如雪菜毛豆，也是把老而黃的雪裏紅的鮮鹹氣渡到毛豆的身上。當毛豆被恰好的火侯燒到「發糯」時，又沾到雪菜之鹹，那眞是老年代的美味啊。

門外漢的葡萄酒

年輕時沒有喝酒的習慣。不像抽菸，總在十多歲中學時或二十多歲大學時染上。

初次喝起葡萄酒，應該是在美國。在超市買菜買肉買好了，經過葡萄酒區，看著各種不同設計的酒標（多半是「城堡」式的酒莊外觀），想著該選哪一瓶。

當然也會選價錢符合我身分的，比方說，三塊九毛九或四塊九毛九，很偶爾心血來潮時才會挑一瓶六塊九毛九的。非常難得去買上一瓶十一塊九毛九的，那是到人家家赴宴才會的。這說的是上世紀八十年代。

通常一頓飯喝不完，就把瓶塞塞回去，第二天或第三四五天再喝。若是放了兩三天再喝，感到很難下喉的，就心道：「這酒不行！」

有不少酒，第二天往往顯得更順。

雖說是在美國，我常買的，常還是法國來的。他們價格並不因此比較貴。也偶買加州及華盛頓州的。

開始喝起葡萄酒，不是爲了get drunk，比較像是學生活。是爲了跟西方食物接軌。像試著吃一些cheese，吃一些西洋火腿，吃一些便宜極矣的堅果，於是有一杯紅酒在旁邊不時啜著。主要是這整個一套。尤其在加州柏克萊住的一年，很迷柏克萊市場可買的Bockwurst熱狗。買回家蒸熟了，便是把葡萄酒開瓶的時候了！

也於是，喝葡萄酒，毋寧更是深入西洋風土。只是我喝得甚少。比淺酌還更淺。

不記得是不是一九八六年，我在紐約格林威治村的 Speak easy 酒館聽 John Fahey（1939-2001）的吉他演奏，只見他彈奏一陣，舉起杯子喝上一口。並且還未必是一小口。喝完了，再拿瓶子往裏倒。他喝的，是紅葡萄酒。

哇，原來葡萄酒並不需要是小口小口喝的啊！

難怪我在超市買尋常 size 瓶時，還見到有人買的是加侖桶式的、無貼標的、家庭 size 的紅酒。

在美國七年，喝的葡萄酒，大部分是獨酌；小部分和朋友在飯桌上淺淺喝上一兩杯。從來不曾「談論」過「品賞」紅酒這方面。

一九九〇年回到台灣。不久台灣開始有了紅酒熱。其中有一個人，叫曾彥霖，開辦了「孔雀酒行」，集聚了好多好多的各行各業的品酒朋友。極多的社會賢達（做醫生的、做企業的、在政府做官的、做學術的、做藝術的……）也投入了品賞紅酒、鑽研紅酒，這時候太多的酒局飯局充滿了此起彼落對這款酒、那款酒，這年分那年分的讚嘆與分析！　啊，多好的年代。多有趣的一個小島！

也就是那時，五大酒莊等字眼，常常可以聽到。　另外稍稍成名立萬的二軍名牌、三軍名牌，也有多不勝數的追隨者。其中像金黃色酒標的Ducru-Beaucaillou連我也嘗過不少瓶。尤其像不是最好年分（八五年、八九年、九〇年）、譬如像一九九二年或一九九七年，竟還是頗廉宜的。另外，Cheval-Blanc（白馬）、Cos d'Estournel、Pichon-Longueville Baron等酒，連我這種二楞子，也竟然嘗過不少。這當然要感謝跟著老友畫家鄭在東、與他愛說「我的紅酒老師」王時智、陳立元等高手才逐漸學到規規矩矩喝上幾口像樣葡萄酒也！

這是我四十多歲時的喝酒年月。說懂嘛，不算懂。說不懂嘛，嘗過的酒似又不少。

一直要到了六十歲左右，便將昔年喝酒所得的審美見解，一點一點聊了出來。甚至這些見解還攜帶著極多的個人孤僻，以及時代造就我的那些個我所謂的「後民國破落感」下之人生喟嘆。

先說一些別的酒。

像日本清酒（sake），我每次和人聊天，總說，在日本你坐進餐館，他遞來酒單，大約八款十款酒裏面，你最先選的第一款、第二款，要設法是最讓你喜歡的。

也就是說，一頓飯吃下來，最後你都點了五、六杯了，但最好的，還是最前面的那兩杯！

你怎麼挑選的？　很難說得淸楚。總之，就是憑感覺吧。

舉例說，你在京都坐下吃飯，酒單不免列出四、五款「地酒」云云者；　但稍一細看，你覺得把目光移到更外更遠的酒造去選，更教你有信心。於是先挑了栃木縣的「純米」「原酒」「無濾過」的一款，結果，你滿意極了。　更別說，你用手指著這款時（你不通日語），堂倌的眼神就已然頗爲同意矣。

這就是我的「門外漢」習慣。　站在門外看，便一切已知悉也的哲學。

故而有時看酒標，有時看瓶子後面酒的顏色，有時看產地，甚至有時看它的鄉簡質樸的題字，總之，總有一些會教你採擷的某種感覺。　當那種感覺很豐厚時，你已然不捨得不做「門外漢」了。

日本尤其是這樣的好地方。

你站在小餐館外，看著他的格子門，看著他的不明顯招牌，心想，這家應該可以，結果一掀簾進去，單單從坐客看你的眼神及店家的表情，就知道，我來對了！

酒是人做出來的。　酒，也是水做出來的。當你在餐館凝視這幾款日本酒時，馬上隱約看到這個鄉下酒造的這幾個鄉土兮兮釀酒師取水（他祖父時代就取這條山泉）、蒸米、下麵等業作，釀好後裝瓶，貼酒標………它完全是「人」做出來的………你等一下要喝的，便是這種「眞實」的大地產物。

我會選的，便來自這樣的門外漢之眼光。所以那種台灣的日本酒館餐館中大量放置的大牌子名牌子sake，我從頭到尾皆無意去試。當然，偶爾鄰桌朋友送來一杯，我也嘗了。嗯，結果呢，眞是不出我的意料！

這種事，也同樣發生在中國江南的黃酒（紹興酒）身上。　以前阿Q在咸亨酒店坐下喝的酒，皆是鄉人原生態、土生態懵懵懂懂釀出的酒。　在阿Q後八十年一百年，有些黃酒有了品牌，甚至有了大工廠，我被送過幾種（有的還頗高價），從倒出來的色澤、從開瓶時的香氣，其實已教你感到不妙，一口啜下，唉，何必呢！　又來了一杯工業製品。何苦何苦。　這是二十多年前之事。從那以後，我凡喝黃酒，皆不敢喝名牌者。甚至連小牌也盡量不取。　只希望喝到弄堂口鄉人自己用泥封罈的大罈子裏打出來的。

人爲，或說工廠，是多麼的教我無法取信啊！

再說威士忌。

太多的被讚得很頻的威士忌，有時你一看它的顏色，你已然替它擔憂了。

乃它被它的桶子薰陶成太沒必要的「加持」了！　就像有些純樸的好家庭勤學

子弟去薰染了某些牛津氣、劍橋氣等貴族良風 那麼樣的沒必要也！

好的老木桶，固然珍貴。但木桶上的老包漿，渡鎔過來的色韻，以及甚至「氣燄」，有時是扣分。尤其太多的平庸極矣的威士忌，本身的酒質已不出色了，還努力裝進雪莉桶、這個桶那個桶的，以求得到某種薰陶或加持，你一嘗，何只是反感極了。

再說回葡萄酒。我最愛說台灣是喝白葡萄酒的天堂。主要是一、山海相間；二、食物相宜；三、下午悠長。

先說食物。白切雞、鵝肉，台灣隨處有小攤，很配白酒。鯊魚煙，是台灣特有料理，也很配白酒。米粉攤的黑白切（大腸、肝連、嘴邊肉、喉管）也很配。煮的油豆腐更是。乾煎魚、清蒸魚當然也是。

再說山海。台灣有山有海，天高谷深。花蓮台東的山與海很適於喝白葡萄酒，西岸的台南、鹿港也適合。陽明山的土雞城很適，阿里山的茶鄉也照樣很宜。甚至瑞芳、猴硐、金瓜石的麵攤也把土雞、鯊魚煙、豬腳備得齊全，像是等著你我把白酒帶著、在板凳上好好暢飲似的。這根本就是喝白葡萄酒最美妙的幽清山谷。

最後說下午。台灣沒有寒雪嚴冬，故而冬天也有悠長的下午，所以氣候上很適合喝略有冰鎮的白葡萄酒。

哪怕不在晚飯、不在午飯的時候，只是原本用來喝茶喝咖啡的下午，更可以淺淺的來一杯放空心神的白葡萄酒。

好，說到酒了。這樣的白葡萄酒，最好來自不怎麼有門檻的釀酒人、不怎麼尊貴的葡萄、不怎麼懂得行銷的農家小作坊。這令我想起了多年前在日本旅行，凡在超市看到「甲州白葡萄酒」，皆是便宜到幾百塊日幣一瓶那麼樣的謙卑。 乃他們將身旁葡萄取來做酒壓根打從心底就不感到是多麼了不起的事。

這種酒，才是我最想在黃昏配著沒門檻的粉肝、鵝肉一起嚼著啜著的田園好酒！

而如今，太多的法國、西班牙、紐西蘭等地都充滿著釀「平白無奇」、「簡樸無華」的酒，而籠統稱之爲「自然酒」。 其中，太多的妙手偶得，太多的無心插柳，所出來的酒，簡直是神品！

葡萄酒也會進桶。 當然要小心極矣。 就像選葡萄要小心，找何種土壤栽出的葡萄要小心，要避開二氧化硫要小心等是一樣的。

很多新起的釀酒人，他們恰好因緣際會的只能找到更手邊更便宜的葡萄，只能用沒有二氧化硫的標準化控制，只能用上自己的「悉心照料」(tender loving care)，最後反而釀出很農家、很五百年前八百年前土式的百姓葡萄酒，竟然大家也喝著像是佳釀。這是多好的事情！

就像大陸四川的李莊，太多的農家式作坊釀出的酒，好得不得了，乃它的水好，老百姓不必是製酒大師，便就一逕出得好酒！不只是李莊，福建各地的「老酒」，有的發紅、有的發黃、有的發白，皆可能是好酒。米酒或糧食酒，依賴當地的好水。葡萄酒不用水，但依賴的是土壤。被善待的土壤所長出的葡萄，被善念的人釀出來，多半是好東西。

所謂門外漢，我留意的就是這些個事兒。

白切肉的美學

白切肉或白斬雞，有一點高手到老年凡出招皆弄得簡略至淡淡幾筆的那種美感。

更可能它的不施一抹脂粉，尤顯露出它的傾國傾城。

豬肉要製成紅燒蹄膀或揚州獅子頭，當然精緻，當然美味；　雞要製成道口燒雞或宮保雞丁，當然香膩酣暢；　但什麼味也不調，只從滾水裏撈起，斬上幾刀，這麼白白的來吃，其實，何嘗不味美？

並且，求它的天成也。

白切五花肉
滷蛋
海帶
乾煎馬頭魚
清炒蒿菜
青椒豆干
蠶豆筍丁
白飯

此我最意、每日
便當飯菜搭
配也 以其調味
最淺又全不涉
醬油

舒國治

豬肉帶皮帶瘦帶肥的三層，一大塊在滾水裏煮，十來分鐘後撈起，這時是燙成淺熟。再將這塊十公分見方的肉放進陶鍋內小火燜燒，擱鹽、桂皮、老薑皮、紹興酒，鍋底倒二、三公分高的高湯（尤其是蹄膀湯），約二、三十分鐘（或聽聲音，有快乾的嘶嘶聲）即可。俟微涼，再切上桌。如放陶缽，再擱入大鍋中蒸，則高湯擱淺些。也是幾十分鐘後即好。

這樣的肉，切成指頭粗細的條，或是麻將牌寬度的片，便是一碟好菜。

若切成丁，淋在飯上，便是白燒的滷肉飯。

倘拿這丁，擱在筒子底層，上覆生米，入屜去蒸，蒸透倒在碟上，便是白肉丁的「筒仔米糕」。這種肉丁，不妨全取肥的部位，最宜。乃最腴又最有一些彈性也。

這是罈子肉的做法，比較講究。若只想純在白水滾鍋中燙熟，撈起，淺淺抹鹽，切之，也完全可以。有時亦頗具田家風情。

我如今愛吃的便當，是把主菜那片豬排（不管是炸的或是炸後滷的）換成白切三層肉。並且不放蘸醬。

當然白切肉好吃，主要豬要養得久些，並且吃餿水。這樣餵養的黑毛豬，早上自菜場買來溫體的肉，則不需開水燙煮。買回家，在室溫下放一放，抹上薄薄的鹽，約一、二小時，可以下鍋淺炒。炒前先浸少許黃酒，炒時丟老薑皮與桂皮，炒鍋擱淺淺植物油，令這塊八公分見方或十公分見方的方形肉塊各面皆沾上油，待它自己的肥脂也要出油時，便可移至陶缽裏去小火燜燒了。

陶缽底倒的油頗重之高湯，便爲了不令肉「貼近水」。

三層肉的皮的那一面，朝向鍋底。也有人墊兩三根粗粗的大蔥，把肉托住。也眞是好方法。

燒好的肉，撈起，放盤子俟冷。缽裏的濃濃滷汁，也俟冷取出另外盛罐。這滷汁吃乾拌麵可澆。也可以之燒冬筍、燒梅乾菜、燒糯米椒等。

至於這白切肉，當下切片吃這餐。剩下的，明天蒸魚可切下三四小指寬的肉條。後天切丁可做筒仔米糕或白燒的滷肉飯（那罐滷汁要舀些過來）。

輯三

我愛吃 帶皮 帶肥 帶瘦的三層肉
水煮白切的 我愛 裹上粉去蒸籠
蒸成粉蒸肉的 我也愛

麵疙瘩

麵疙瘩是一種最酣肆的、又最養生的食物。比方說，你剛從司馬庫斯爬山回來，最想吃的東西，很可能就是麵疙瘩。

這就像河南的胡辣湯或山西的頭腦，或甚至山東濟南的「甜沫」，或魯南與徐州的「啥鍋」等，皆是「糊」類的綜合料湯。

我愛麵疙瘩，主要愛它各物融於一鍋、你不用辨識誰是誰、反正它就如此自然好吃的先天優質。更大的原因是有極多的料你平日不大拿來特別做成一菜，卻你又偶需吃它一吃，則恰好擱在麵疙瘩的鍋裏。比方說，豆腐。我甚少燒豆腐菜，在餐館也幾乎不點豆腐菜；但豆腐切成細條丟入麵疙瘩（或酸辣湯）裏，我樂意唏哩呼嚕的吃它。金針菜、香菇、木耳亦是，切細了投入，皆使人不特介意的去吃它。

這是一種「混在一起」的哲學。很多不甚完美的單物，此時全湊在一個雜牌軍的部隊裏。就像大通鋪裏充滿的汗味、臭腳味，人照樣呼呼大睡那種。當然主要的滋味，來自那鍋湯與主料，如白菜雞湯。

北方人往往在案板上揉捏出一個一個小的麵糰，這便是乾的疙瘩；但我小時候家裏則是把濕的麵糊用調羹對著燒滾的湯淋下去，也會在湯中形成疙疙瘩瘩的。濕的麵疙瘩的好處，是可直接淋進燒滾的高湯裏（像白菜雞湯、或排骨海鮮湯等），然後幾分鐘後，麵糊與湯汁都融合了。整鍋皆顯出稠度了，便可吃了。

這種濕麵漿澆淋進去的做法，尚有另一妙處，便是它在燒煮時散發的香味，可以飄得很遠。我在想，應該是麵糊是極好的「受香體」，那些雞湯的香、白菜的香，都因稠稠的麵糊而停歇得更久也。

乾的麵疙瘩，也照樣可以。但它最好先用開水像下麵條一樣下過。下得夠透了，再撈起，丟進已有湯料的另一鍋裏再熬煮。通常這時的熬煮，也是出香味的時候。也可以在這時候再淋一些濕的麵糊進鍋，爲求更稠些。

好了，湯是什麼湯，這就看每個人想吃些什麼了。湯底是雞湯底或是排骨湯底，皆可以。另外就是料了。以下是我個人比較會選取的料。

一、白菜雞湯麵疙瘩——雞絲（雞胸肉撕下來的。腿肉另有用）、大白菜。

以上是雅淨版的麵疙瘩。

二、排骨湯海鮮什錦麵疙瘩——排骨（如是帶肉多的，早點撈起，可剔肉而吃）、大頭菜（新鮮苤藍切絲條，小指頭大小）、豆腐切條、黑木耳切條、金花菜、香菇切絲、蝦、蛤蜊、透抽。以上第一到六項皆要先炒過，尤其大頭菜要蓋鍋炒透；末三樣則不炒。

作料：胡椒、薑片、肉桂、花椒、辣油少許。

這鍋的滋味，主要為宣汗、暖胃、咀嚼物多（有的人還加爆過的豌豆或花生什麼的）。

三、番茄牛尾湯麵疙瘩——牛尾、番茄、芹菜粗梗（帶皮，吃時再將皮上的筋渣咬乾、吐出）、綠花椰菜、高麗菜。

這鍋的滋味，主要在牛尾的濃腴與番茄的酸香，與一些大塊文章的蔬菜。

四、白煮羊肉湯麵疙瘩——羊肉、大白菜。

這些美妙的食料，都因爲麵疙瘩這「糊」，變得更顯精神。像牛尾，我並不常吃，也不敢燒成一鍋時八塊十塊的挾來吃，太多了。但煮在麵疙瘩裏，每人只吃兩三段，又有其他的菜料唏哩呼嚕的吃下去，豈不更美？

大頭菜，我極愛的一款蔬菜，但我通常只用來做菜飯。不會去炒一盤大頭菜片，也不會燒一鍋滾刀塊大頭菜排骨湯什麼的。故而它的用法其實頗窄。如今炒成絲丟在麵糊裏，簡直是神來之筆。

炒肉絲 也談餵豬

肉絲，是上不了筵席桌子的。　上筵席的，都是整隻整體的，像雞就是全雞，魚就是整尾的魚，甚至羊有時就是全羊。豬呢，要不是蹄膀，要不就是整塊方方正正的帶皮帶肥帶瘦的肉方。也就是說：大塊文章。

筵席菜用的這些食材，不會切成細絲，乃它原來是儀典上的呈現，亦即先要祭拜然後才吃的，故而呈現全形與整體。

但肉絲眞是中國炒菜鍋最好的創作夥伴。尤其西南地方（四川、貴州、雲南、廣西）的快炒，有了肉絲，眞是幻化成無盡的下飯好菜。

肉絲，常是犧牲小我完成大我。它個體小，但炒出的滋味會融入飯裏（肉絲炒飯），會融入豆乾裏（豆乾肉絲），會融入青椒裏（青椒肉絲），會融入筍絲裏（竹筍肉絲），會融入鹹菜裏（雪菜肉絲，當然雪菜之鮮也化進了肉味裏）……。

故我說，西洋人想學中國菜，不妨最先學切絲（不只肉絲。筍絲、豆乾絲、青椒絲、胡蘿蔔絲……）、配絲（這種絲配那種絲）、炒絲（哪種絲先投入鍋、哪種絲後投）這類的家庭飯桌最簡易菜餚，便能很快四菜一湯的吃飯了（請參〈如果鼎泰豐在美國開辦烹飪學校〉）。

但肉絲要好吃，第一，要取溫體豬的肉。也就是別用冷凍的豬肉。黎明時分殺的豬，一早到了菜場，這時買來的豬肉，切成肉絲，醃少少的米酒或黃酒，極少的醬油，微量的糖，待會入油鍋去炒，便怎麼樣也會鮮美。若用冷凍過的豬肉，退了冰，再怎麼醃製、怎麼細心的炒，也已然肉味與肌理皆敗弱矣。

第二，好的肉絲，來自好的豬。好的豬，要養得時間長，像超過十個月，或一年，或一年半等。當然，除了養得長，更要餵多樣類自然食物，像餿水、像根莖類植物、像豆腐作坊的豆渣等等，而不只是餵工廠製出的飼料。

說到餵餿水，以前農家自己種田的，且還種些蔬菜的，所養的那兩三頭豬，是吃得最好的。豬的主食是碾下的米糠，再帶些地瓜。而家中吃剩的廚餘是最正宗的餿水。尤其是剩飯，原本農家節儉過日子，飯是儘量不剩的；但因自己種稻，有收成，所以剩飯才敢令自己放肆些，也才會多煮些飯，沒吃完反正還是餵給自家的豬吃（也算是自家成員）。　這剩飯特意要留下一些給豬，實在是餵豬者的善念體貼，乃米糠太粗了，必須混些剩飯，豬嚼在嘴裏才會軟硬皆有，牠才會吃得津津有味。　有美學的養豬人，甚至把自己咬剩的蘋果心、摘四季豆的兩端角角及扯下的筋絲、木瓜削下的皮、切鳳梨留下的心（鳳梨皮有刺，則不取）、家門口野長的土芭樂樹掉落微爛的，或掉落的土楊桃，都會用上一點心思的送進了餿水桶。　總之，令豬的香甜富綜合營養的那頓飯吃得開心。　這個會把水果也配入餿水的農家小姊姊，她把桶子拎到豬圈門口時，豬早就因嗅到芭樂香以及她的氣味而高興極了！　這說的是六十年前很少數某些農家餵豬的美學。　田家樂，何嘗不是這個？

再說到蔬菜。　養了豬，於是在種菜時，會考慮到豬的食物。因此地瓜也種上一點。並且地瓜葉，大部分是給豬吃的。另外剝菜葉時，如高麗菜等，那外殼的幾片，剝摘得很大方，因爲反正留給豬吃，並沒浪費。我小時鄰居家的空心菜粗梗，摘下來都是餵鴨子，故摘掉的，總很大方，也是同理。

切菜時，高麗菜的核心梗子，頗粗的，當然也是給了豬。吃玉米（不管是自己種或是買來），玉米外衣、玉米鬚，都是給豬吃。而人吃完玉米，那根梗子，也是豬吃。

飯桌上不會剩肉，也不會剩蛋。只會剩肉蛋的湯汁。　這些湯湯水水，連下麵的麵湯，都會變成餿水。由於農家的節儉，豬基本上吃的是素，至少是「肉邊素」。

好了，扯遠了，再說回炒肉絲。

肉絲通常和條狀的又帶點勁度的蔬素類菜碼同炒，以求把肉的香腴渡鎔給菜碼。故而有豆乾肉絲、黃豆芽肉絲、茭白筍肉絲、冬筍肉絲、青椒肉絲、韭黃肉絲、韭菜花肉絲等。乃這些菜皆成條狀，又算乾挺有勁道，也皆因肉絲而更鮮美。

茄子，則不見有與肉絲同炒者。因它不適弄成條狀。更別說它太綿塌。番茄，也不適。也太綿太沙，並且太不成條。

另外，太水滵滵的也不宜。於是葉菜類以之炒肉絲，也不常見。那些菠菜啦、空心菜啦、莧菜啦、小白菜啦等，還是清炒最恰如其分。

但香菜的梗子，炒肉絲很宜。除了它成條狀，也在於它不水溚溚。以香菜葉子來炒肉絲，就沒那麼有意思了。

有時在大陸鄉鎮旅行，若一個人吃飯，實在進館子很難點菜。牆上的菜單皆是一道一道的，每一道都很大盤，倘點三樣菜，便必須面對三大盤。唉，好難啊！　某次進一小飯館，已過了吃飯時間，客人極少，我見他桌上切好一盤盤待炒的食材，問老板，可不可以把一小撮肉絲，配少少切絲的四季豆、少少的豆芽、少少的芥菜梗切絲，一起來炒，這麼樣的一盤菜？　結果他答應了。　這頓飯吃得太愉快了。

其實我非常想寫一本小書，叫《One Dish Meal》（「將各菜裝進一盤的一頓飯」），書裏面有三、四十盤這樣的綜合菜餚，配上飯，便是一頓了。　完全是為一個人設想的。　這時候，炒肉絲太有用了。　另外，我認為最理想的One Dish Meal形式，是韓國人的「石鍋拌飯」。　在石鍋裏鋪上飯，再在飯上佈撒今天的菜餚。先擱牛肉絲，接著黃豆芽、綠色的菠菜、米黃色的豆乾絲、墨綠色的海帶芽、白色的蘿蔔絲。好，這是今天的這頓。明天鋪在飯上的，可以是兩三塊紅燒肉，接著半個滷蛋、炒四季豆、炒萵筍絲、青椒炒豆乾絲。後天則是白斬雞、菜脯蛋、雪菜炒筍絲、炒芥蘭菜，甚至油爆蝦……太多可以搭配的食材了。這種將諸多食料融合在一桌上，或一個便當裏，或一個石鍋中，或只是放在一盤子裏，是東方人吃飯極有意思的地方！並且，窮人跟富人都可以吃得一樣美味、一樣滿足。

我家吃的寧波菜

我是生在台北的寧波人，家裏小時候吃的，便是古典的寧波菜。在成長過程中，我也會嘗到外間的各省菜，深覺中國菜確實很豐備，也很村土人性（就像韭菜包在包子裏，很村土，又很美觀，別國的村土亦不會製成此款），就像中國的竹籬茅舍，或許村土，卻很人本（即：人能怎樣，就做怎樣），也或許還頗美宜是相同道理。

我也會愛大江南北菜，只是我家製菜不會那麼燒。像珍珠丸子（湖北菜）、粉蒸肉（江西菜），我家桌上從沒見過。像小炒肉、乾煸四季豆、醬爆雞丁、豆乾肉絲、道口燒雞，我在外吃了也皆喜愛，但我家從不曾見。再像同學家把剩菜中的豆乾丁、豆角切段、粉絲、韭菜、鴨血包進包子裏，成爲「家常包子」，眞是好吃，但我家從沒包過包子。可見這就是「各地之人」一逕只因循製「各地之菜」。

記憶中在我做小孩時，家裏吃的爸媽燒的寧波菜：

◆嗆蟹（生的海蟹、黃酒、鹽、糖去醃）——其實更常做的是蟹熓（把蟹斬得細碎，醃在黃酒、鹽、糖的玻璃罐子裏）。

◆㸅麩——這菜深受鄰居一位蘇州太太盛讚。她每每在過年時說：「過幾天我去給你媽媽拜年，也吃吃你們家的剩菜！」但㸅麩，我做爲小孩子，從來不覺得有啥好吃。

◆春捲——爛糊肉絲餡。請參看拙著《雜寫》中的〈窮家之菜〉一篇。

◆苔條拖黃魚——如今沒黃魚，或許換成馬頭魚。或黑鯸。這種把生的魚肉剔剝下來，一小塊一小塊的，拖上薄薄的麵衣（麵糊上已沾上碎碎的海苔絲），入油鍋炸，炸好後，沾醋或不沾，皆好吃。

◆鰲㸅肉（海鰻剖開，竹架撐開，晾高風乾，是爲鰻鯗）——許多別省分人一提到寧波菜，常都提「鯗㸅肉」。也就是鰻魚乾和紅燒肉一起燒。肉的腴，進了鰻鯗；鰻鯗的鮮氣，也渡到肉上。我不怎麼懂得欣賞這道菜。家母離世後，我也沒在外面吃過這道菜矣。哇，這說來，竟也五十年矣。

◆墨魚紅燒肉　或　紅燒烏賊——這也是「很寧波」的一道菜。其實把早就燉好的紅燒肉，投入極新鮮極細嫩的墨魚或鎖管，很快的燒一燒，味最佳！然老寧波燒法，竟將它燒得太久，惜哉！或這是窮年代的吃飯法。

紅燒肉，我家都不會「獨燒」。　　放墨魚或放鰻鯗，固是常客；更常放的，是「麵結」（豆腐邊片紮起來的）、油豆腐、素雞、冬筍、與滷蛋。　　一來似乎是多一些變化的食料（且便於次日的便當），二來，其實是分散了「豬肉獨占」的尊貴這種節儉哲學。　就像炒鱔糊要摻夜開花是同樣道理。

「做人家」（節省）在寧波人的菜裏（甚至在全中國的菜裏），皆會呈現也！

◆爛糊肉絲——（也請參〈說勾縴〉一文）肉絲炒菜，我家不那麼多。至少豆乾炒肉絲，我家沒見過。　但鹹菜肉絲湯麵，便是我家肉絲最常之去處。

◆熗菜——這是我做寧波子弟最感驕傲、最喜歡的一道菜。它是如此粗獷、如此的用油用醬油用糖去對付塊頭結棍的芥菜各部位的燒菜法。每年過年我們皆做一大鍋，可從除夕吃到初五。

◆油爆蝦——帶殼的河蝦很快進鍋去炒，擱醬油、糖，並一些蔥花。我們小孩子最愛吃，更好是大人幫你把殼都剝好了。

◆蝦球——把蝦剝了殼，剁成碎，捏成一球一球的，去炸。　這道富泰的菜，只在過節過年或宴客時才做。現在回想，這菜只是壯觀，滋味其實比不上油爆蝦，也比不上清炒蝦仁。

◆蔥㸆鯽魚——我媽當然也做。並且做得極好。但我們小孩子並不那麼懂得欣賞這菜的妙處。倒是蘿蔔絲燒鯽魚應該吃得更多些。或許它更湯湯水水，也或許討厭刺時就多往蘿蔔絲上動筷吧！

◆醉雞

◆清蒸海鰻（蒸其中一段，如手機大小）

◆清蒸虱目魚（常是半尾，約比手掌短一點）——這當然是我媽到了台灣後，自己援引過來的一樣食材。我小時見魚的臉頰有白白快要透明的膜，很想最先從那裏下筷。另外魚背的皮一掀開是咖啡色的肉，也很奇特。但吃起白色魚肉時，刺就多了！

此處只列兩種蒸魚，乃這是我媽最省事的做法。其他像鯧魚、帶魚、吳郭魚等，飯桌上都常見。更別說雪菜燒黃魚、蘿蔔絲燒鯽魚這些江浙名菜了。

◆夜開花炒鱔糊（夜開花就是瓠瓜）——我在家從沒吃過「清炒鱔糊」。因爲料太昂也。寧波吃法，更多是這道「夜開花炒鱔糊」。瓠瓜切成細條，炒在不多的鱔糊中，看起來也會相當澎湃。鱔糊爆過油，瓠瓜再加進來，這瓠瓜是頗鮮美的。

◆雪菜筍絲炒年糕——雪菜和筍絲，和什麼都能共炒。寧波人的調味料中最常的，是醃得黃黃的雪菜。燒黃魚用它，炒黃豆芽也用它，炒毛豆也用它，雪菜百頁也是它。煨麵其實用的是雪菜的鹹鮮來煨。另外，寧波人調味，也愛用黃酒。我媽還用公賣局出的「紅露酒」。

◆菜飯

◆煨麵（偶爾把麵煮在菜汁裏，尤其是雪菜肉絲湯裏，煮得久透些而已，與坊

間煨麵不甚同，更不會用油麵）

◆黃豆芽湯——這是最清鮮的一道素湯。我不記得是否在別人家或館子裏吃過。如果沒有，那麼我媽會製此湯，說是她鄉家美學，可能也通。江南人家於黃豆芽之親近、之了解，眞是有意思。

◆鹹菜筍湯（夏天可冷吃，鮮極）——這湯，不知是不是我媽自己發明的，我也沒在別處吃過。我幾乎要說這是江南菜裏最雅、最富意境的美饌啊！

◆清蒸臭豆腐（上頭擱幾粒毛豆，是裝飾，也是毛豆的登台時機）

看到這裏，一桌有嗆蟹（生的海鮮、醃過）、有炸物（拖黃魚）、有涼拌萵筍（冷的脆口菜）、有蘿蔔絲鯽魚湯（湯湯水水菜）、有油爆蝦、有水溚溚的蔬菜（爛糊肉絲）、有或無白斬雞、醉雞，有或無「夜開花炒鱔糊」，有或無熗菜，已然是很均衡豐雅的家庭寧波飯菜了。

一定還有很多菜，我不能都記得。　像豆瓣酥（蠶豆搗泥與雪菜去燒），我媽也會，但很少做。　至於像煎排骨，我媽也常做，第二天還能帶便當。但那稱不上是寧波菜。就像荷包蛋一樣。它們都不屬於專門的某一省。　另外，我家沒有牛肉的菜。不僅沒有蔥爆牛肉絲、青椒牛肉絲這些家常盤菜，也不會做牛肉麵。我媽說，除了牛耕田辛苦，主要她自己屬牛。　再有一事。一九七八年我在剛辦了半年的《時報周刊》上過幾個月的班，某次採訪自港來台因《蛇形刁手》與《醉拳》頗紅的袁小田（袁和平的父親），聊起互相的籍貫，在他旁邊同團的明星姜大衛一聽我是寧波人，馬上用上海話說：「哦，寧波人，寧波人吃黃泥螺。」算是大夥馬上就拉近了聊天的距離！

此件回憶，已過去了四十多年。我想說的，是我從沒在家裏吃過這道菜，黃泥螺。　不知是台灣的泥螺不合用，抑是我媽哪怕在故鄉、亦不見得是吃黃泥螺那一掛的？　總之，我也沒問過。　最大的可能，是我媽到了台灣後，凡吃食已逐漸一點一滴的進入自然的「現代」矣。　當然，這也是我自己中年後猜想的。

我媽也偶爾包水餃。　這是她惟一做的北方食物（包子、饅頭從沒做過）。她的餡是小白菜豬肉餡，皮是切麵店買來的皮。小白菜先用滾水稍煮一下，撈起略放，俟涼，再放進紗布裏，把菜汁擰乾，取出，剁碎，再放進絞好的豬肉裏拌。拌時，加鹽，及麻油。也加很少的醬油。我沒看過她加胡椒粉，也沒加薑末。顯然，和有些省分的調味法，或店裏的調味法，不同。　爲什麼是小白菜？我沒問過。這小白菜剁碎了，包在餃子皮裏，下好，撈起在盤子裏，皮內透出綠色，哇，我還記得！

當然，我媽也炒年糕。　炒法十分簡單，就是肉絲蔬菜炒寧波年糕。有時是白菜肉絲，有時是青江菜肉絲，有時是雪菜筍絲；很偶爾呢也會用草頭炒年糕，非常翠綠的外觀，也非常翠綠耐嚼的美味。年糕片必須炒得片片分開，也必須和肉絲蔬菜炒得很融合有滋味。　這賴於炒的人要細心、手要勤於撥動。我媽炒得固然好，但即使是她，有的年糕片也會兩三片黏在一陀裏，我們小孩一吃，眉頭就皺起來了。當然，做成湯年糕，也很多。

這年糕，我媽未必到菜場常態的去買，倒是有挑擔子的年糕販子，到了我家門前，用家鄉話叫賣，於是我媽買上一疊。所謂一疊，是三或四條年糕排成一層，七八層用繩子紮起，上鋪一張印著品牌的紅紙，是爲一疊。這挑擔子用寧波話叫賣年糕的場景，是五、六十年代的好風景。他在巷子裏叫賣，但到了他知道的寧波人家門前，會多停一兩分鐘，想，這同鄉今天會否開門買他一疊！

我媽也包粽子，寧波人嘛。包的就是坊間會賣的湖州粽子，口味也是就豬肉和豆沙兩種。記憶中，鄰居都讚不絕口，說她的粽子眞好吃！她也包湯圓。就是我們心目中的芝麻湯圓。自己炒餡、調糖，但糯米粉好像是買來的，並沒見她自己搗米什麼的。酒釀也是自己做的，卻未必是爲了配成「酒釀湯圓」。這幾樣手藝，很偶爾會在她心中生出想改善拮据環境差一點要開一爿小小的賣浙寧點心的鋪子呢（就像人家在南門外開「蔡萬興」之例）。

我家也偶吃麵食。但做法是南方人版。像蔥油餅，我家是將麵糊（裏頭拌了蔥花）用湯杓舀進有些許油的炒菜鍋裏，如此煎成的，寧波話稱「油抹黃」。我十歲時也會做。這事看一次就會。十歲的我，在巷口玩累了玩餓了，會回家煎幾片油抹黃，或是燒一碗「鹹菜肉絲麵」。其法是先切肉絲，再切鹹菜（將一小把鹹菜切成細段），在炒菜鍋裏擱花生油，油熱了，先投肉絲，炒幾下，投鹹菜，炒上一陣子，加入白開水，蓋鍋蓋。等水滾了，投細麵（切麵店買來的、用小段雜紙圈在曬乾細麵腰上的），再蓋鍋。又快滾時，掀鍋蓋，審看一下，再蓋，再掀，差不多好了，便是一碗鹹菜肉絲湯麵。

寫著寫著，突然驚覺這是六十年前我的「作品」。十六、七歲後我再也沒做過這種先炒料碼、再加水、再投麵的煮麵法。也再也沒在煤球爐前先移開進氣鐵片（如此靜置的煤球因空氣灌入可致火燒大），再將炒鍋置上等那些屬於老年代的動作矣。　唉！

以上說了不少童年的事。　那麼聊些別的吧。

假如某天你經過一個小鎮，見一小館子，只賣幾樣你熟悉的家鄉菜，那會是多麼的教人感動啊！比方說，你進了一鄉間小館，他只賣幾樣東西，像嗆蟹，像拖黃魚，像紅燒墨魚，像夜開花炒鱔糊，像白菜肉絲餡的春捲，再有一鍋菜飯，哇，如果他敢賣這幾樣東西，那一定是武林高手，而隱居在某個荒村小店！

如果我坐下一嘗，哇，做得還眞不錯，那這時我會怎麼想？老實說，我可能心中有淡淡的哀愁，一來我會擔憂他開不久，二來，他應該有另外一種埋藏在心底的重要念頭。

也就是，這樣的館子，有一點像掌櫃開這家店，是爲了圓一個心願，是爲了等一個遠方的長輩，那長輩已太老太老，常年住在紐約的長島，或許在他人生的最後一段歲月會來到這個小鎮，若這長輩吃過了這一頓最精采的飯，不久後離開人世才會毫不遺憾的那種菜餚。

他是爲了圓這個心願。當這個心願圓了，他第二天把店一收，就可以雲遊去了。

木瓜牛奶的美學

台灣本土有很多食物，是極其有特色又可以拿來做爲寫東西的題材的，木瓜牛奶便是其一。

約莫三、四十年前，木瓜牛奶很流行。如今幾年，木瓜牛奶不算最旺最顚峰的光景，但一逕沒有退流行。

在台灣，可以說沒有人沒喝過木瓜牛奶。亦即：人人對木瓜牛奶的味道皆熟悉得很。然而木瓜牛奶有沒有好喝的與不好喝的呢？ 答案是：當然有。

坊間太多店家，究竟誰家比誰家打得好喝，差異頗不小。 甚至同一家店裏，張三打的與李四打的，也是不一樣。 尤其有趣的是，有時老闆打的，未必比夥計打的要來得好。

可見，把一杯木瓜牛奶打好，是有訣竅的。

第一，先講木瓜。昔年有些木瓜牛奶專賣店喜歡把木瓜一個個堆疊起來，顯示其權威性，教人看在眼裏會認定這店於木瓜之挑選極是專擅。就像早年有不少滷肉飯的店家愛把味精一盒盒疊起來是相同的道理。木瓜中最熟的那幾個，會最先取下削皮、切塊、置於容器內、隨時待打。

據說，削皮切塊後的木瓜，放在冰箱中有逐漸「熟成」的好處，等一下（或幾個小時後）來打，甜度常會更豐盈。但更好的是，木瓜能夠在樹上久留而紅透至極熟再摘下，則會是最蜜醇香甜的滋味。當然在鄉下的農戶自家才可能得嘗如此仙味，坊間店家不可能。

另外，紅肉的抑或是橘肉的，兩者皆可，主要還是在於它的熟度。

第二，再講牛奶。選何種牌子的牛奶，幾乎是一杯木瓜牛奶最關鍵的事。台灣是「粉製品」的大國，食品業者哪怕是牛奶業，也不免會在奶中做類似「摻粉」的動作，終至造成各家的乳品喝起來有很不同的濃淡程度與口味。

有的店家喜歡選「最濃」者，其實不宜，其打成的木瓜牛奶，粉感很重，於是口中一嘗，這杯木瓜牛奶發苦。有的用「保久乳」，亦產生此等口感粉苦效果。說到保久乳，很奇怪，昔年很多店家愛用，不知是何原因。

然而哪種牌子牛奶才是最適合打木瓜牛奶？很簡單，只要將四、五家牌子的牛奶，與同樣的一顆木瓜去打，打出後，分給幾個朋友去喝，然後請他們票選，便知何種牌子最佳。

我亦不時在全台灣的木瓜牛奶攤經過，亦常順勢瞧一眼他們用的牛奶，奇怪，太多的攤肆皆愛用一種我絕對不取的牌子。但這牌子的牛奶，居然也是不少咖啡店用以製卡布奇諾者，怪哉。

突想起李安拍的《胡士托風波》(*Taking Woodstock*) 片中，將被選為演唱會地點的那片牧場，主人將自己牧場所產牛奶製成的巧克力牛奶招待來客，大夥嘗過後，都認為是平生喝過最好喝的巧克力牛奶。這奶何以恁好？乃這片土地上的牧草好也！

第三，木瓜與牛奶的比例。我通常會囑咐店家：「木瓜多些，牛奶少些。」有時見木瓜熟度極佳，亦會多加一句：「糖不加也可以。」木瓜與牛奶之比例，究竟該多少？是極精妙的經驗，亦見出打汁者的老到品味。有的人硬是打成稠得撥不開，而有人便能打成瀟灑靈動。

第四，老闆的用心打法。我曾見過某一店家，他邊打會邊加水或木瓜或冰或糖或牛奶等微調動作，令這鍋東西呈現他最感到滿意的均勻度。看他打木瓜牛奶，有一點看這店家在做作品一般的感受。

已有不少店家除了木瓜與牛奶外，只加一些冰砂與糖。亦有不加冰而只加水的。

如果木瓜夠熟，熟到水分亦甚飽足，甚至可以不加糖、也不加水，純粹只是兩樣最本質之物：木瓜與牛奶而已。當到了這個境界時，便像是家中打的木瓜牛奶了。

說到加糖，昔年猶常見加糖水的，近年則普遍是加砂糖了。爲什麼要加固體的糖而不是液體的糖水？好問題。或許只是砂糖舀入時，更富一種「原材原料」

的那股原始本質信任感吧。

另外，就只是白砂糖，不適合加蜂蜜、楓糖、果糖，也不適合紅糖或黑糖。有人說，哪怕是很熟甜的木瓜，也最好加很少一匙砂糖，令其甜度有一股「正宗」的熟悉糖感，倒是滿有見地的。這匙糖，像是引子。

也有人說，哪怕木瓜含水分很足，仍不妨加少少的冰沙水，令其冰水中釋出的鮮氧，將木瓜牛奶的渾濃得到些許的活化。這似乎也是很微細的觀察。當然，再好的一杯木瓜牛奶，也不宜放著不喝，必須當下把它喝掉。

如今外頭賣木瓜牛奶的店，幾乎全用的是紙杯了。倘有人開店能用透明的玻璃杯，則那樣喝起來，就更是那麼一回事了。

不可小覷毛豆

有一天，在閒談中，我說出了一句話：「能把毛豆做成好菜，就算懂得中國菜的箇中三昧了。」毛豆是很容易生長的植物，也是很理想的可供養無數百姓的食物。但它從來沒成爲名菜中的一員。

或許它的滋味，含結得太緊實，散逸不出去之故。但二、三十年前鼎泰豐的老老闆楊秉彝偶在下午獨坐一樓，自據小桌吃一碗像麵疙瘩的麵食。這碗白淨的疙瘩上，零散鋪著一點澆頭，竟就是幾丁肉丁和十來顆毛豆，由此你可見出毛豆的意趣了。

有很長一段時間，酒館吧台上每個酒客面前都有一碟鹽水帶殼毛豆，是極佳的佐酒小食。這是毛豆最輝煌的歲月（其實如今還持續著）。那時候，吧台上一小山一小山的毛豆殼塚是台灣喝酒的通景。

這種水滷毛豆，滷完放在大碗裏拌黑胡椒，拌完置放，冷後，冰進冰箱，隨時取以上桌。這樣一款質樸無華的小食，是它最高絕的魅力，從來沒有人吃膩過。但也沒有人特別稱絕它。甚至大夥也不怎麼談論它。

這就是某些食物的精妙之處。

我家小時凡吃臭豆腐，皆是清蒸，寧波人嘛。這清蒸臭豆腐上面，也會擱些輔料，否則就似乎還未完全。或許一來是好看，二來也真能添多些滋味。這擱的，主要是幾粒毛豆，但「秀蘭」還會擱榨菜丁、肉末、蝦米丁等。而毛豆，是臭豆腐上面「澆頭」中的主角。

炸醬麵的炸醬，在老年代北京，純是醬，黑糊糊的，雖有肉末，早已化糊，融在醬裏。也就是說，裏面沒有丁丁塊塊的東西。像豆乾丁、筍丁、胡蘿蔔丁，以及毛豆，原本是沒有的。但炸醬麵到了南方，往往這些東西就出現了。或許他把上海的「八寶辣醬」那一套就這麼搬過來了。

這麼一來，毛豆在炸醬麵裏，一下就成爲舉足輕重的「菜碼」了。當然臨上桌前撒上的黃瓜絲，更是炸醬麵受人深愛的功臣「菜碼」呢。

㸆麩裏的配碼，如香菇、筍片、木耳、毛豆，皆很有其地位，也因麩的毛孔裏涵的汁氣鮮味，薰染得極有滋味。

雪菜炒毛豆，毛豆是主角。就像蔥燒海參，海參是主角一樣。但若不是此類旁料，海參如何會有味道？而如果不是雪菜，毛豆怎會得到鹹鮮氣？

雪菜炒毛豆　毛豆是主角
就像蔥燒海參　海參是
主角一樣　但若不是此類
旁料海參如何會有味道
又如果不是雪菜　毛豆怎會
得到鹹鮮氣

舒國治　甲辰秋

雪菜炒毛豆，是上不了檯盤的一道菜。但在家常飯桌上，甚至有特色的小館子，它常令人眼睛一亮。好像說，民宿的早餐，如吃的是稀飯，那雪菜炒毛豆是絕佳的稀飯菜。它伴同荷包蛋、肉鬆、燙地瓜葉，就是一頓好早飯。更別說有油條、炸花生米、剛出作坊的新鮮豆腐（只淋幾滴醬油）等配白粥的那種經典早餐，加了一小碟雪菜炒毛豆，是何等的全美！

晚飯的飯桌上，如果有紅燒肉（肉的菜），有一條魚（魚的菜），有一盤番茄炒蛋（蛋的菜），有一盤炒絲瓜（湯湯水水的蔬菜），那如還要有點什麼邊配的小菜，那雪菜炒毛豆是很理想的「邊配小菜」（另外很多邊配小菜如蘿蔔乾炒辣椒、甚至如十香菜……亦是）。

通常這一盤雪菜炒毛豆，有些家庭會多炒一些，剩下的冰冰箱，第二天可以成爲稀飯菜。或是第二天小孩帶便當，這是便當裏的擠在邊邊的一味（乃它夠乾。絲瓜就不宜了）。更有價值的，是家中有人晚回家的，或是誰要吃消夜的，拿它來炒飯。要知道，深夜的蛋炒飯固然是絕唱；深夜的雪菜毛豆炒飯，也是教人酣肆不已的雋品！

雪菜炒毛豆，最厲害的，是做爲素麵的澆頭。如有朋友吃素，在你家做客，你爲他端上一碗這樣的麵，不管在賣相上，在滋味上，甚至在酵素、胺基酸等營養上，它都是一絕。

如果湯底用黃豆芽來清熬，湯汁極清鮮香勻。

當然，這裏說的雪菜，是要醃得比較陳老、比較發黃的那種，像早年慣說的「紹興雪菜」那種，而不是台灣習見的淺醃得墨綠亮亮的那種雪裏紅（雪裏蕻）。

說勾縴

勾芡，是平常大家所用的字。似乎講的是，把芡粉勾上。

但民國年間老的食譜書，常會看到「縴」字。也就是，它是動詞之用法。像長江拉縴的縴夫，是同樣的字。其實袁枚的名著《隨園食單》早就在首章的「須知單」中有〈用縴須知〉一節，他謂：「因治肉者要作團而不能合，要作羹而不能膩，故用粉以牽合之。煎炒之時，慮肉貼鍋，必至焦老，故用粉以護持之。此縴義也。」

台灣雖是小小一島，卻是粉之大邦，粉製品太多。肉圓的皮，粉也。蚵仔煎之透明物如此厚稠，粉也。連米粉也要摻粉，使之不易斷，哇，何聰明也。

故而勾縴之菜，我儘量避之。有時吃到酸辣湯之較不稠者，頓時印象更好些。

說到酸辣湯，有人家中用下麵條、下餃子之麵湯，因其濃稠，把它淋在打好蛋花、擱了蔥花的碗裏，再撒胡椒、滴上醋，便是最簡易家常版的酸辣湯。而事實上若用的麵湯是下了幾百個餃子的湯，其中有些下破的餡漏了出來，又是豬肉末、又是白菜絲，於是淋在酸辣湯裏，壓根就又有豬肉又有白菜了。莫非這就是日後酸辣湯的濫觴？

說到勾縴，似乎肉絲白菜餡的春捲，必須勾一點縴，也就是包的時候，因有縴，於是有乾的效果。入油一炸，縴的部分化了，遂成了春捲皮內的湯汁，豈不妙哉！

只是市面的芡粉，實在太有可議，我卽使想在家中做春捲，也不可能勾縴。

我家中做的春捲，從沒用韭黃肉絲餡、沒用高麗菜肉絲餡，用的只是白菜肉絲餡。而這白菜肉絲餡，有一點寧波菜裏的爛糊肉絲之風情。

說到爛糊肉絲，又似乎必須用到勾縴。但也可以用別的縴法！我自己想的方法，是用米的粉來縴它。在來米乾炒至黃，俟冷，再磨成粉（用磨咖啡豆的小機器卽可），將醃過醬油、糖的肥瘦兼有之肉絲，去沾上米粉，便頂多是這樣的勾縴。先炒肉絲，多用油。炒好後，先鏟起。再用炒過肉絲的油去炒白菜絲，炒上一陣，蓋鍋蓋，燜煮二十分鐘，不加水。白菜自己出的水，卽已夠多。爛糊肉絲，雖名叫肉絲，其實是吃白菜。這是一道村家窮菜，幾乎像是一道素菜了，滿滿的白菜絲，但燒得糊糊的，並不泚苦。若是吃不起肉的年月，可能只是十幾莖細細肉絲炒出快一斤的白菜，但因爲有爛糊，吃起來一點也不清素！

這爛糊怎麼做？我自己做也會把在來米炒黃後磨出來的米粉，調進白菜湯汁裏，這種米糊與青菜共鎔的燒法。其實像江西的婺源這種山青水複的深鄉也會這麼烹調。

台式的「白菜滷」，也是製白菜的良法。它裏面的香膩滋味來源，一是炸豬皮，一是魚皮，一是扁魚的乾，其實已頗豐富了。我在攤子上吃滷肉飯，最愛配「白菜滷」。

我小時吃過一種肉羹，是帶皮帶肥帶瘦的三層肉的，眞好吃。既是肉羹，當然肉的表面自然會縴上粉。這種三層肉他縴的是何種粉，不知道，但似乎不厚稠。爲何講到這事？因爲早年在台北所吃肉羹，多半是肉碎與魚漿捏塑而成，與宜蘭的那種「整塊是一片肉」所成，不一樣。

我若如今自己在家中做肉羹，會想用一新法。卽先把帶皮帶肥帶瘦的三層肉，切成拇指寬的長條狀，再用醬油、糖、米酒醃過，然後裏上乾炒過再磨碎的米粉，令之沾抹均勻，再放進蒸籠（下鋪番薯塊）去蒸，如同製粉蒸肉。

蒸透後，先吃粉蒸肉。其餘故意多蒸出的肉塊，等冷了，放進冰箱。明後天如要再吃，就把它製成肉羹。製法是，白菜切絲，然後丟入炒鍋炒熱，加水，燜煮幾分鐘，然後把粉蒸肉一、二十條丟入共煮。起鍋時滴幾滴烏醋，或在碗上擱些香菜，就是家庭的肉羹了。這是一肉二吃之法。

我愛吃 帶皮 帶肥 帶瘦的三層肉
水煮白切的 我愛 裹上粉去蒸籠
蒸成粉蒸肉的 我也愛
蒸透後先吃這粉蒸肉 其餘故意
多蒸出的肉塊 等冷了 放進冰箱 第
二天製成肉羹 製法是 白菜切絲 丟
入炒鍋 炒熟 加水 燜煮幾分鐘 把一
二十條粉蒸肉 投入共煮 起鍋時滴
幾滴烏醋 或在碗上撒些香菜 便是
家庭版的肉羹了 此一肉二吃之法也

靜國治 甲辰年

粉蒸肉

粉蒸肉是最不「坊間化」的一道菜。你且去看，多半餐館不大賣這道菜。然而它又是大多數人只有在外頭餐館才會吃過、並不在家裏動不動就做的菜。

可見粉蒸肉的先天狹窄性。

昔年的「老張擔擔麵」（仁愛路），後來的「老鄧擔擔麵」（連雲街），都賣粉蒸排骨與粉蒸肥腸，如今多半不再賣了，可見這件食物多麼與人暌違。

但它眞是一道好的豬肉料理。它既平易卻美味，又不失清雅。眞要飽嘗肉食，它還很稱得上大快朵頤呢。

所謂粉蒸肉，粉是指米磨出的粉屑，肉是帶皮帶肥帶瘦的三層肉（五花肉）。將粉包覆在肉上，上籠去蒸，蒸透熟了，入口即化，這便是「粉蒸肉」。

照說，這是一道江西菜；而台灣坊間從來不見江西菜的菜館，或許使這菜不易見。前面說的老張、老鄧，皆是四川麵鋪，兼賣「粉蒸」點心，已算難得了。

二十年前，有一朋友在法國留學，請他爸媽寄小盒的「蒸肉粉」。我聽了，便說：「如果一時沒等到台灣寄來，不妨自己製粉。」

其法是：將在來米（如沒有，泰國香米或印度香米也行。若皆沒有，蓬萊米也成。再沒有，糯米也可以）先淘洗，洗完晾乾。以炒鍋開文火，不擱油，乾炒這在來米。炒時可加進八角、花椒粒同炒。炒至微黃且有脆感，關火。將米倒出晾涼。八角和花椒粒挑掉。

涼透後，以磨咖啡的小型機器來磨它，磨至顆粒狀爲宜，不可太粉。

至於肉，五花肉切成二公分（如大拇指寬）見方的長條。將這些肉用醬油、糖、紹興酒醃上一段時間。再去沾前面的粉，再一條一條的鋪在地瓜塊上，再放進蒸籠裏蒸，約二小時，便透矣。

蒸籠的最下層，最好是放荷葉，如此味最清香。至於墊底的地瓜，有的人用蓮藕，也有人用大白菜來墊。當蒸熟後，這些墊底之物，全可吃也。

肉之香美，關鍵在豬的年紀。養得愈久的，愈是好吃。

而五花肉被粉包覆，故而肥之晶亮滑腴與瘦之不柴，皆賴這層粉護持。

沒吃完的粉蒸肉，下一餐丟進筍片雞高湯裏，便是一碗最美味的家庭版肉羹了。

台北幾碗好乾麵

台北，這個了不起的城市，人有時想找一些東西來勾起他的記憶。

好比說，想找一找小時候隨處可見的小河（當然，早不見矣）。好比說，想到日本房子集聚的長牆巷弄去鑽一鑽、繞一繞（當然也很少了）。又好比說，你想看一看火車的鐵軌、聽一聽平交道柵欄噹噹噹噹放下的聲音（當然更沒有了。萬華到新店的那一線，拆掉變成了汀洲路；「淡水線」變成了捷運；「基隆線」也地下化了；地面上的「復興橋」、「復旦橋」都拆了）。

有時和遠方的朋友聊到台北，我偶會說：「下次到台北，來嘗他幾碗乾麵吧！」

因爲麵條，總算還把台北維持得像一個猶頗深厚的老城市。

街巷裏的麻將聲，不多了，撐不起一個老城市。河面上的龍舟競賽，也不足撐起老城市。搞不好早上公園的太極拳，在台北還稱得上深厚。

但只有吃麵，台北眞還算得上老練世故！

今天先說乾麵。

一、林家乾麵（泉州街十一號）。賣的是福州乾麵，醬汁淋進去，幾乎沒增添什麼顏色，然味道腴美。這是當年台北的「城南」最風行的麵點，也是公教人員最暖胃的早點。而「林家」幾十年來最樹立成標竿。

二、延平南路福州乾麵街。台北市的「城內」（四個城門之內），昔年也有很多的「凹槽」，往往是小吃攤販雲集之處。延平南路的一二一巷，便是我少年、青年吃福州乾麵最多的一個凹槽。如今早已驅散。倒是「樺林」（中華路一段九十一巷十五號）和「中原」（延平南路一六四號）這兩家店還能留守在這條路上，供應當年的煙汽、麵香。

其實，延平南路一直向南，過了愛國西路，再南，一直接近植物園，這仍然保有「老南城」的幽靜，不只是吃麵的好地方，也是懷舊的好區塊。

三、頂好紫琳（忠孝東路四段九十七號B1）。這是四十年前東區開始興起，台北人在商場的地下樓吃東西的古典版本。紫琳的炸醬麵頗受歡迎，而蒸餃牛肉捲餅等也照樣桌桌皆有。紫琳已然是大店了，但排隊的上班族照樣依序入座。

倘若以八十年代的國語流行歌曲風景來相喻，則進到「紫琳」，看到白領男女進食，可以耳中潘越雲、陳淑樺的歌曲來搭配。五、六十年代的美黛、紫薇，或是林黛的《藍與黑》《癡癡的等》這些曲風，則必須和泉州街、延平南路的街景（甚至有三輪車的穿梭）來做輝映。

四、永康街鼎泰豐（信義路二段一九四號）。如今搬到斜對面的「旗艦店」了。老台北若不時進鼎泰豐，只是尋常過日子式的快快吃一碗麵，加上一碟泡菜，就這麼吃完抹抹嘴走了；這是過台北日子最世故的表現。當然，這像是吃點心，最適宜在下午三、四點鐘，排隊人潮已少了。

這一碗乾麵，要不是擔擔麵，要不也可以是炸醬麵。想吃紅油燃麵也行。

永康街也是台北的一塊老生活區。五、六十年前這裏的過日子人家就能吃到最道地的生煎包子、煎好再鉗入炭爐裏烤的蔥油餅，以及早期的牛肉麵。這是一個世故的吃區，如今至少還有鼎泰豐這樣的世界級佳店將它延續下去。

五、南村小吃店（莊敬路四二三巷八弄十四號）。這店賣的是手擀家常麵，香港朋友來，我最愛帶他們吃這種麵，乃香港主要吃的是鹼麵也。

「南村」有頗多乾麵，但我最常點「炒麵」。乃他把肉絲、青江菜絲、高麗菜絲皆炒進去外，主要還投入了蛋花，遂令麵汁中還融入了蛋的腥香氣所化出的鮮韻，這是他處嘗不到的美味。假如醬油再下得少些，那就更好了。另外我也愛點「陽春乾麵」，其實就是豬油拌麵（如果也能醬油少些，便更美也）。

這裏如今是「信義區」，是台北近二十年最繁華地。但五十年前台北學子上軍訓課到山坡邊打靶，離這兒並不太遠。可知此區之荒涼。

六、天母劉媽媽（天母西路三號一樓之六十）。這也是台北最有特色、最偏處北隅的一家極好乾麵店。十多年前我愛吃擔擔麵，最近我愛上「酸菜碎末麵」。酸菜醃得正好，肉末一混和，拌在細麵裏，眞是絕妙。他的小菜，也是每碟精心製出，他的湯也好。他有一道麵叫「二合一」，是乾的榨菜肉絲麵上面鋪四顆餛飩，我也極愛，麵好餛飩也好！

天母雖偏北，又沒捷運，但這一碗麵，值得跑遠。

台北可說的事很豐富，我今天想想用一碗乾麵來把這個極有意思都市串起來吧。

論榨菜肉絲麵

吃麵，近二十年在台灣依然沒有退流行。但是麵店所賣的種類，倒是有不小的變化。舉例而言，像榨菜肉絲麵，便算是瀕臨滅絕的一款麵種。

你且去看，人進麵館，想到吃麵，常先想到牛肉麵；要不就想到乾麵，像麻醬麵或炸醬麵，或甚至豬油拌麵。幾乎已很少想及榨菜肉絲麵。

爲什麼？或許榨菜肉絲麵有一點不上不下，幾乎有些尷尬。先說它的長相，白色的麵上佈撒著淺綠的榨菜絲與淺粉紅的稀稀肉絲，整個相貌有一種平平泛泛的「無重點」感。也就是說，它有一股先天上卽呈顯某種不重要感的性格。它的濃郁香醇度不及牛肉麵，甚至它的清淡素淨度又比不上陽春麵。說它好吃嘛，究竟是何方神聖下的那股好吃？噫，似乎說不怎麼上來。說它不好吃嘛，亦沒聽過人凡說起它便鄙夷的，再說它在台灣至少也存在了六十年甚而更久，並且在之前大陸也朦朦朧朧約略存在了。但不管如何，它如今是冷門的麵種了。

冷門到有些麵店一天中點這款麵的，或許總共不到三碗，而牛肉麵被點到八十碗、一百碗。冷門到有些麵店索性將它自菜單上剔除。君不見，不少麵鋪的牆上只掛著麻醬麵、炸醬麵、餛飩湯、牛肉麵、牛肉湯麵、水餃，少少幾樣項目，教人一目瞭然，也教人很篤定知道自己要吃的、這裏有沒有。

那些不賣榨菜肉絲麵的店鋪，我覺得最乾脆。老實說，如果你的店平均一天只賣出三碗榨菜肉絲麵，而你還不把這款牌子拿掉，豈不是只想把它當成聊備一格的「懷舊名稱」嗎？更別說那一小盆早就炒好放在冰箱中的榨菜肉絲，很久才拿進拿出一次夾出一些擱麵碗裏，這份過程是不是有點空洞落漠？

當然，麵雖不受人常點，卻一逕保留著這款名目，這種店家之念舊，也教人生出敬意。這是眞的，是可貴的情操。若不是有千百家老闆猶懸掛著那一片「榨菜肉絲麵」牌子在牆上（哪怕沒賣出多少碗），太多的年輕人壓根就要愈發不知道世界上有一種東西叫榨菜肉絲麵了。這些念舊的店家在麵條文化的傳續上有頗大的功勞呢。

然而，有沒有好吃的榨菜肉絲麵呢？或，有沒有賣榨菜肉絲麵賣得很火旺的麵店呢？或許有，但我不知道，也沒去調查。一般言，好的榨菜肉絲麵，以你這家店每天被點的碗數之高可知。然哪一家有此等成績呢？

倘若眞有一家麵店，大夥到這店皆爲了吃榨菜肉絲麵，而很少點別的麵，那麼他的榨菜肉絲麵必然有過人之處，甚至他是不是該考慮把店名就叫什麼「老張榨菜肉絲麵」（像太多的牛肉麵業者叫「老張牛肉麵」的例子）之類的，並且乾脆只賣獨獨一味，不賣別的？

然而這樣的店在歷史上有曾經發生過嗎？不知道。但自坊間泛然觀望過去，看來不太可能。

主要還是那句老話，它不上不下。也就是說，榨菜肉絲麵這麵種，先天上就不大有特色，不大有強烈的個性。簡言之，它不大像主角！

好了，這下子說到重點了。倘若有人就是想欣賞配角，想逃開一逕過度主題式的食物；就好比不想吃牛肉麵、不想吃這些年點慣了的那些早已感到吃得熟極了、吃得太慣了、都吃到膩的「陳腔濫調」類食物時，這一當兒，那些早先始終存在卻一直被你忽略的「硬裏子」角色，或許是你最感到清新甚至感到雋永的好味道。搞不好榨菜肉絲麵就能因此浮出檯面！

只是它必須自己有這個出息。

一碗好的榨菜肉絲麵，它必須是當端到隔壁桌上，你不經意瞧見了，會輕聲問老闆：「他吃的是什麼？」亦卽：它要看上去便吸引了你的視線。可是那麼淺的顏色，白的麵；淺綠的榨菜絲，淡淡的肉絲色，如何吸引到你呢？哦，是了，是一種淡雅，是一種不壓迫人的「非濃烈」風情（這一點最與牛肉麵、蹄花麵大異其趣），是一種與熱門、與當道、與當紅隔得遠遠的「嫻靜自處」。

眞的要說，榨菜肉絲麵是有其美學的。我曾在有些小文上談過它的榨菜肉絲不能擱放過多，多到蓋在麵條上令麵都抬不起頭來了。也就是，它和麵的比例一定要拿捏得相當有分寸，寧願少一些也不要在吃麵時嚼來嚼去老是有嚼不完的牽扯糾纏不清的榨菜脆條感覺。尤其是當念及這碗麵收了人家八十塊錢怎麼好意思不多給你些榨菜肉絲、這豈不是坑顧客嗎？這觀念最害了這碗麵。

挑選榨菜當然極重要。最好上源是找到醃得好的榨菜老作坊，以此來切絲炒肉條會生出豐富的鮮味與淡淡的香氣。這是店家自身的修爲了；若他能在挑選榨菜與炒製它的方法上像是做藝術品一般的來做它，那是很有機會的。另外麵條的品味，例如是選細不選粗、抑或是選機器切麵不選刀削麵等等的自己心中取捨，但看店家如何自決。我吃過很好的細麵下出來的榨菜肉絲麵，也吃過很好的手擀家常麵下出來的榨菜肉絲麵。前者吃的是湯的，後者吃的是乾的，皆好吃。然而這兩家皆未必是榨菜肉絲麵的專擅之店，至少它們別的麵賣得更好。

這幾個星期，莫名其妙的吃了十幾碗榨菜肉絲麵，算是這三十年少有的密集程度，堪稱奇怪。主要一來在某麵店無意吃牛肉麵、麻醬麵此類濃渾食物，二來天氣炎熱想嘗些許久忘了碰觸的清爽簡潔無啥負擔之物，也就連續的吃上了。吃著吃著，想這款不怎麼顯赫麵種，架式不足卻在台灣小小島上也度過了六十年恁長歲月，說不紅也沒太過不紅，是台灣小吃社會相當有趣的伴隨見證一種老資格食物，左右無事，寫出來消消長夏。

輯四

好的吃家會道得出哪些
菜在甲館是如何好 在乙
館是如何不好 這種很细
緻的差別

怎樣才算得上很會吃

身邊常有朋友，遇到吃東西那當兒，往往道出教人驚喜見解，這時我們心想：「啊，這人會吃！」

這樣的朋友，多年來，在好多好多不同城市不同國家不同場合，總會遇上一些。和他們聊吃，真是有意思。

所謂人很會吃，應該是這個人很能發想在突來的這一刻心中很欲吃到的東西。比方說，他道：「看著這個夕陽，對著這杯白葡萄酒，如果有一盤白切鵝肉，加上幾片台式的粉肝，再有一小盤沒灑美乃滋的涼筍，那會多好啊！」

又好比和他逛完舊書店出來，他道：「要不要再多走兩條巷子，咱們去吃剛剛出爐底部煎得酥酥的韭菜水煎包？」

所謂人很會吃，哪怕他到了外地，皆能大約找出自己可以入口又無須受制於當地食物之形格勢禁也。譬似到了美國城鎮就只好吃麥當勞這種思維，於他便不存在。或到了巴黎要不見得餐餐吃法國制式餐廳菜（觀光客會碰上的店）卻又能吃得不錯。

很多人皆有經驗，在紐約找館子吃飯，有時未必比你去Whole Foods或Zabar's買些現成食物返回旅館擺佈成一桌會更好吃！

像這樣會吃的朋友，當有人要宴客、問他該挑哪家館子？該點哪些菜？他立刻就能回答。

當聊到某一碟小菜，像熗麩，他會說：「你看，就連這幾片小小熗麩，他也撕得一絲不苟。煒麩上搭配的那幾粒毛豆、那兩三朵黑木耳、那三四片筍丁、以及那一兩瓣香菇，也都毫不馬虎。能從這樣一碟冷菜，就可判斷此店不錯！」

通常這些「會吃」的高手，上述的那些「底部煎得酥酥的」、「沒灑美乃滋的」、「煒麩撕得一絲不苟」等講究，很自然就流露在他的言談中。

很會幫人建議館子與點菜

有朋友下星期要宴客，問他該選哪家館子，以及點哪些菜，這時他的絕活就顯露了。

有些館子，過去很出色，但近年顯得很陳腔腐朽，這怎麼辦呢？他會斟酌這宴客者的喜好，譬如他們還是想吃這樣老味道的館子，並且仍樂意吃口味重一點，於是他仍決定建議這家。菜色中的砂鍋魚頭仍舊點，並且把缺點寫在括弧裏。並且甜品中的酒釀湯圓，由於是此店絕活，所以綜合言之，這家餐館最後還是會賓主盡歡！

因爲他知道，這幫朋友還是喜歡酥炸肥腸、喜歡乾煸四季豆、喜歡宮保雞丁、喜歡麻婆豆腐、喜歡蘿蔔牛腩，喜歡炸銀絲捲、喜歡蔥㸃烏參、麻辣腰花、八寶鴨、東坡肉、蟹粉獅子頭。

坊間店家的見聞與資訊頗深厚

一問起牛肉麵哪家好吃，他隨口說出兩三家，總是最拔尖美味的。並且也是不少饕客早就稱許的。　若要再多問一些，他也能道出某些幽隱在偏僻角落、卻也有獨到之處（即使有人說這店髒）的店家。

又一問起滷肉飯哪家好吃、水餃哪家好吃、胡椒餅那家好吃、蛋炒飯哪家炒得好、蚵仔煎哪家好、越南牛肉河粉哪家好、最簡易的稻荷壽司以及鐵火卷哪家、清粥小菜哪家、酸菜白肉火鍋哪家、小餛飩哪家、菜肉大餛飩哪家、燒餅油條哪家…………甚至已逐漸凋零的麵種如蹄花麵、榨菜肉絲麵哪裏吃得到好的，他全說得上。

以上說的是小吃。若說餐館，也要行。

並且，好的吃家通常會道得出哪些菜在A館是如何好、在B館是如何不好，這種很細緻的差別。因爲並不是每家江浙館的熗麩都是一樣好，甚至不是每一家有賣蔥熗鯽魚的你都敢吃！

同樣是北京烤鴨，高手會挑的店，眞的不多。有時前十年他吃A家，後十年他只樂意吃B家。更甚者，近年他一家都不吃了。

好的吃家會道得出哪些
菜在甲館是如何好 在乙
館是如何不好 這種很细
緻的差別 因為並不是每
家江浙館的㸆麩都是一
樣好 甚至不是每一家有
賣葱㸆鯽魚的你都敢吃
同樣是北京烤鴨 高手
會挑的店 真的不多 有時
前十年他吃A家 後十年
他只樂意吃B家 更甚者
近年他一家 都不吃了

舒國治

那些名菜，如川菜中的麻婆豆腐、宮保雞丁、回鍋肉等，他全有他千挑萬選的店家。甚至，他偶去吃的麻婆豆腐的那家店，還不是一家川菜館呢！

再說到白斬土雞，似乎各種館子皆有；但要吃到眞正滿意的，往往不能進成名立萬的名館，反而要到郊外山谷裏的小店，才吃到最美味的。北部多山，三十年前流行在山谷裏開「土雞城」時，造就了大夥對土雞風味之挑剔。近年山谷裏賣土雞的店大量減少，而所剩不多的店，仍是城裏人追求「山家清味」的夢裏田園。如今的吃家，到了坪林、石碇、竹子湖等山谷吃飯，除了土雞，還更注重別的風味，像當天清早摘的野菜啦，像茶油炒飯啦……。

許多台菜的名店，有時他冷菜中的鹹蜆仔、粉肝、鯊魚煙、涼筍，還勝過他的熱菜；這種道理，常常多思考卽可得知。而這種認知，便是高手饕客所練就的世故。

西餐亦然。太多喳喳呼呼的店，好像這也擅那也擅；但如有一家小小義大利麵的鋪子，三、四種麵皆製得好（像我某次走進花蓮市明義街的一家叫「小廢柴」的店），不多裝模作樣，價錢甚至還不貴，如一盤只是二五〇元，高手饕客吃上了，他怎麼還會進那些自詡高級的騷包店呢！

尤其是他所身處城市的餐館實況，他也能道。比方說，三、四十年前的名館，許多菜的高下，常能公允談論。八十年代末、九十年代初的菜館，像「東生陽」的哪幾樣菜是如何如何出色，別家望不了項背。「湖北一家春」是少有能吃到湖北菜的地方。「陶陶」這種新派上海菜，也只有在那種自由奔放、經濟起飛的年代會被開出來。

餐館的陋習，他尤其能道。像太多的餐館，你問說：「有什麼青菜？」他答：「有高麗菜跟芥蘭。」「就兩種啊？」「對。」你聽後，馬上知道這館子對青菜甚不當一回事也。甚至壓根就對青菜有些瞧不上眼！這種把有些你視爲重要的菜色他只想聊備一格的館子，你再去看他別的菜，也早就問題多多呢。

不會只吃名店的菜

一看這標題，相信看官立然就懂我所說的。身邊有不少人，永遠最快知道名店之新開張，永遠追逐有名氣、有得獎的店。

這樣的吃家，比較接近我所說的「不算是很會吃」的人。且說一例子。加州的柏克萊，幾十年前就被北加州地區的百姓視爲「好吃之城」。後來有一家Chez Panisse開了，主持人Alice Waters的卓越選取食材見解及烹調觀念震撼了遐邇，成爲名店。有一次一個朋友（很懂吃，亦很勤於去吃）遊經舊金山灣區，打電話說他吃得很開心……也去了柏克萊……。我問他：「連柏克萊你都有停？哇，太內行了吧！那都吃了些什麼厲害的食物？我從前向你盛讚Top Dog的熱狗吃了嗎？」

他道：「我總共只吃了Chez Panisse 一家。」我心想：「啊，是了，他竟然還是那種只吃名店的所謂饕客吧！」

名店也會有好菜。　但只吃名店，代表他不常自己找出更有可爲之店。　那種「不愛找」「不勤於找」「不享受鑽僻巷覓得佳店」之人，他的懂吃，其實是很窄的。

有更上一層樓的覓吃興致

譬如幾個人都來到了基隆廟口，心想，就往仁三路夜市而走吧。　但這個懂吃的人，他往往說：「我們今天來吃點不同的東西好嗎？」

並且，大家聽了他這麼說，居然完全沒有異議，咸認：跟著他走就對了！

且絕對相信，廟口以外的美食，也只有他，我們才敢跟隨。

據說，這種懂吃的人會有一見解：「每十年我們再重訪北港、再重訪台南、再重訪屏東、再重訪長濱…………除了很想再次品嘗當年的佳店，但也應該四處張望，很可能更厲害的新鋪子已浮出來了。另一可能是，有些當年的名店早就退步到不像樣了。就像上星期我們看到嘉義有些雞肉飯的例子。」

厲害的吃家，最了不起的，是能把很簡略的幾樣食物，吃成、咀嚼成、搭配成極為鮮美富滋味的「口中物」，而很心滿意足的吞進喉裏——像把魚頭的腦汁咬出，再與煮得很黏熟的米飯同嚼，接著吃一口煒得軟極的煒芥菜，再嘗一口蒜苗豆乾絲…………這一類很助消化、很激發涎液、很在口舌間化成美味的用餐法！

蒸魚時，把冰箱中的一方東坡肉切下四、五片極薄的片，蓋在魚上（中間夾三四片豆腐）也墊在魚下（中間也夾兩三片豆腐）。蒸熟後，魚好吃，肉更好吃，豆腐也香美。最要者，魚汁來淋飯，最美。

並且，在這麼吃之前，會早在腦中遐思哪些菜要與哪些配、何物與何物要如何取得。好比說，在外頭買來好的蔥油餅，回到家中與糖蒜同嚼，是最高手的吃法。

將道口燒雞在上菜前撕成細條，如同是點心冷菜，常亦是佳饌。

坊間的賣滷菜的店（如麵攤），只買帶臉頰附近的豬頭肉，一小塊。回家在吃飯前，切成極薄極薄的片片，然後跟剛剛開鍋的熱飯，沾一下，搗一下，如此夾來吃，最美味。

不斷生出好奇心，是造就「會吃」的動力

故而每次再去那些老鎮，便是查探它的歲月變化。而由吃店做為探看點，正好又省事、又不失是一個觀察社會、觀察世道的好方法。像去新竹，總樂進東門市場，一來是探尋賣吃攤肆，一來是遊看市場左近與市場本身的建築、規畫。

這樣的吃，先是好奇心，一次又一次的好奇心，最後練就了世故。今天的鹿港，和十年前有些不同；日本的東京，難道不是嗎？

走在東京街頭，想，是走右手邊這條街找吃、抑是左手邊這條？這是最有趣的。也是最令「懂吃者」興奮的一件事。

乃這考驗他的世故。當然也挑戰他的好奇心。

在東京，一家名店接著一家名店吃，很容易。倒是自己信步由之，走著走著，看到教自己很想掀簾進入之店，這才有意思。

那種極世故、極有定見、又極有冒險心的高手饕客，在東京玩個七、八天，一家名店皆不吃，只一逕找自己突然撞上的店，這種玩法，最教人佩服，也最叫人嚮往！

是你，你把飯吃成好味美味

你很會吃，不能是你住在東京、巴黎、汕頭、順德才很會吃；你住在稍微簡略的鄉鎮，像鹿港，像新竹，也要吃得相當好。

鹿港不見得有東京會有的披薩或燒肉，或順德的煲仔飯與蛇羹，但會吃的人既已住在鹿港，便自己要想辦法令自己吃得美味、吃得愉快。

這就是極多極多的台北人家，從來沒吃過一頓米其林、而你問他、他說他吃得很好的道理。

又有人從他留學過、工作生活過的美食大城像羅馬、東京等回到台北長住，雖然懷念昔日常吃到佳美味道，但今日你已然在台北過日子，你要在吃到好的餛飩、酣暢的燒餅油條、切得白白嫩嫩的水煮大腸、喝到攤子上一杯酪梨牛奶、公路邊買到盛產時四斤一百的當令荔枝等等當中，自己設法做一個吃得好又吃得愉快的台北人。而不是整天懷念那遙不可及的遠方！

所以如果你恰巧住在美國，許多你習慣吃的身邊食物一下子沒了，但你也要打起精神，自己在異地把飯菜的版圖逐漸打開。蔥油餅沒得買，你在墨西哥超市買了冷凍的taco餅皮，自己在鍋上烙成蔥花蛋餅。你買了超市的牛小排、牛尾，照樣做成你想吃的中式口味。有時你買洋人市場的豆漿，做成你想吃的鹹豆漿，雖然擱的魚鬆、榨菜丁、油條、醋、蝦皮等，要略費周章，然一旦成了，你和你的美國客人會興奮極了。

在食材的配伍上，有相當的敏感度

會吃之人，對於食物之搭配，有幾乎像是天生就能選妥A與B配，C與D

配便是最有道理或最美味的那種美學高度。

例如有些素菜不宜葷配，頓時就知道。像百合絕不可與葷料同炒。蘆筍亦不可葷炒。芹菜也不適合。甚至蓮藕亦然。

牛肉通常不大會與筍絲同炒。筍絲莫非比較清雅？或許也。但牛肉與蔥段同炒，如「蔥爆牛肉」，確實很合！

何以豬血湯都丟酸菜？有的還再加韭菜末。何也？「粗物搭粗物」也！那些比較「濁」的食材，人們自然找另一款「強粗之物」來互作壓制。

懂得在鄉下地方尋覓到好的早飯

我有一觀察，鄉鎮的美食，表現在早飯上。　所以高明的饕客如果下榻在鄉鎮（不管是出差或旅遊），應該不輕易放過那珍貴的早餐！　通常他不在入住的旅館吃供應的早餐（哪怕是五星級酒店），反而不嫌麻煩的跑至外頭的市集啦、菜市啦去找當地的鄉土早點。　像東京這種大城，早餐固然豐盛，但它不是鄉下，它吃不到你在河南鄉下、江西贛南鄉下、雲南鄉下的那種鄉土早餐。甚至也吃不到你在北港、嘉義、屏東的那種早餐。　所以，要算得上很會吃，不但懂吃，他還要很懂風土人情。

像美國這個先進大國，驅車遊賞，愜意極了，但吃早飯，很沒特色！　而到了鄉舊的老國，比方說，大陸，那就是早餐的天堂了。乃鄉下太多太多了。　我去過不少次西安。說起西安，是古城了吧，但早就是大城，又早就建設先進，我發現早餐不易找了。直到有朋友說：「咱們到渭南去吃！」才知，好的早餐，必須帶著鄉土氣。後來又去了離唐太宗墓不遠的「袁家村」，哇，更精采了。

半夜在朋友家能為大夥整出一桌很有格調並巧思的消夜來

以我的觀察，好吃的人，或厲害的饕客，很愛做消夜。尤其是在朋友家突然興致來時！　就像爵士樂的即興演奏。

冰箱裏，有吃剩的炒茄子，看起來烏漆嘛黑的，他心生一計，問出女主人麵粉放在何處，便用水調成一碗稀稀的麵糊，以茄子沾上麵衣去炸，成了一盤簡易版臨時成軍的「茄子天婦羅」。

又冰箱裏有昨天在外頭切剩的一盤滷菜，有牛筋、牛腱、豆乾（已沒有了滷蛋、海帶），便把牛筋牛腱切成小塊，豆乾切絲，再找出剛才開冰箱時就瞄到的一兩莖蒜苗，將之切成菱形小段，與牛肉牛腱同炒，變成一盤「蒜苗牛筋」也。

倘這個家庭還剛好有剩飯，又蛋架上尚留著一兩個雞蛋的，當然，就能馬上出他一盤「滿漢全席也不換」的蛋炒飯。

有時只有剩飯，卻沒有蛋，怎麼辦？

也不是問題。先問，有沒有蘿蔔乾或老雪菜？如有，就將蘿蔔乾切得碎碎的，不用多，用油先炒，炒上一陣，再投飯，炒稍稍一下，起鍋，就算是有一盤炒飯了。同理，先投切成極碎的老雪菜（即醃得比較久、發黃的雪裏紅）去油炒，接著再投飯，如此便是另一種簡略版炒飯了。

通常先問，冷凍庫有沒有包子餃子？這是最簡便的。　但懂吃的高手，不甘於只是把包子蒸熟、餃子下好就這麼上桌的。　他會再多配一些。

像冰箱裏有一鍋剩湯，而冷凍庫有幾個康樂意菜包，他一算人數，每人只能吃半個包子，就著一碗湯，那也成。

主要這鍋湯（不管是蘿蔔排骨湯，抑是冬瓜蛤蠣湯）如能再丟一些切細的白菜，再稍加水，能每人皆有一碗，便過關了。

有時下餃子，每人只能有五、六個；這時如能放進湯裏，像是「湯餃」，再投些蔥花（或香菜末），也頓時不簡陋了。

冰箱，是愛創作消夜者，最了不起的「食材寶庫」。他一開冰箱門，就四處尋看佳材；像蘿蔔乾是寶貝，油條更是（但什麼人會在冰箱裏備油條的？）。蛋也是萬靈丹（有人還愛找鹹蛋、皮蛋呢）。半鍋冷飯也教人心感篤定。

冷凍庫裏有麵包，不管是法國棍子、是sour dough、還是土司，如有牛油，便可以頗香美的吃上烤麵包塗牛油。　但眞想烹調的高手，看到冰箱中的番茄、菇、或酪梨，還有蛋，往往不願善罷甘休。他會用菇炒蛋，放在一兩片烤好的麵包上，再切成四小片。也會番茄炒蛋，同樣放另一兩片麵包上，再切成小份。酪梨熟了，挖下來，也放麵包上。

烤麵包吃了一陣，喝了一陣，突然上來一小碗熱呼呼的雞湯米粉，這米粉全是米製，甚是嬌弱易斷，卻是米香可嗅。而雞湯清而鮮郁，並且芹菜丁撒於上，而東菜丁鋪於下，皆不令甚多，如此一碗，最文雅有韻也。

通常一打開冰箱，會吃的饕客已經在心中創作了。　如他看到一鍋雞湯，馬上會張望蔬菜格裏有無白菜，並且馬上問：「你們家有乾的米粉嗎？」

於是，你知道，我在半夜朋友家吃過的「雞湯米粉」是這麼來的。

沒米粉時，有米，那就會吃到「雞粥」。

也偶吃到雞湯煨麵。　剩的一鍋雞湯，用來吃湯麵未必最宜；做成煨麵比較無懈可擊。

冰箱中的剩菜，往往激起他的台北餐館地圖之指認。　好比今天看到一碗粉蒸肉，馬上想「他們是不是吃了某某店？」看到一碗蔥㸆烏參，再細看它的賣相，會猜「會是A家或是B家？再不就是C家。絕不可能不在這三家之中！因為能做出這個好模樣，在台北，不多！」

看到半個剩的蹄膀，一看就知不錯，也絕對會在心裏沉吟「應該是某家最有可能！」

這些看在眼裏的菜，等下問主人以求揭曉，也是他的極大樂趣。

有些朋友，他家的剩菜早被我們知悉是「豐盛」形的。　這種時候，常是懂吃老饕最能即興發揮他創作的「消夜時機」！

比方說、某甲很愛在館子裏狂點菜餚，那他家的冰箱在當天深夜與第二天總會有些「大可被用來『創作』的材料」。　尤其是五更昌旺（有人訛寫成五更腸旺）這道菜，他很愛點，但大家沒怎麼吃，總是打包回家。　也於是朋友某乙在他家半夜做出「大腸麵線」（雖用的是白麵線）這樣的消夜，一直被視爲美談。

更別說某甲愛點大菜，那是太有可能有極大部分只能打包帶回家。　像蹄膀，像土雞湯，像砂鍋魚頭，像乾煎大尾馬頭魚，像紅燒海參…………幾乎是不可能吃得完的！有朋友開玩笑說，某甲在外宴客後第二天，似乎心中隱隱希望某乙和三五好友在他家暢談到半夜，最後在冰箱中找出幾樣東西創作出教人永遠記在心裏的絕世消夜！

像上述的這些菜，連我都想第二天深夜邀幾個好友、帶上幾瓶好酒，把它們做成消夜，來辦一場消夜的派對呢！

甚至，有不少高手說，太多館子裏的菜，只略吃幾筷子，剩下的帶回家，半夜做成消夜，其實味道還更好呢！

我完全同意。

這也道出了中式的館子菜的窘境。像砂鍋魚頭，我從來沒吃完過。也很怕打包回家，體積太大了。打包回家也未必吃。但在朋友家的消夜桌子上再吃，加了水再滾，丟進了豆腐、丟進了也是帶回來吃剩的餃子、丟進了新切的白菜絲與新切的蒜苗，哇，竟是那麼好吃！五更昌旺也完全同理。在消夜桌上永遠比在餐館桌上好吃！

在吃的方面見識高超與品味出眾

他知道獅子頭的肥肉與瘦肉皆要肥歸肥瘦歸瘦，用刀先切條再切丁，最後再稍稍剁細的此種講究。他當然知道滷肉飯的肉也必須是切的而不是絞的。又滷肉飯的米，最好用老米。總之，滷肉澆上去，飯要涵得住他，不能令它流到碗底。

還有，品味高的店家，滷汁絕不澆得太多！

白斬雞的雞，除了要用土雞；在湯鍋裏煮，要注重火候。煮上一陣，要撈出在空氣中涼一涼，而不是像燉雞湯那樣進到水裏就一逕煮到底那種。

雞撈上來，要放冷。更好的是，以電風扇吹它，令它快些冷卻。也有放進冰塊旁，使雞的表皮快些收縮。總之，等下斬時，雞皮下貼肉的汁液會結成如「果凍」般，是最美味的。

坊間的倫教糕，愈來愈凋零時，他還會找到僅存的一兩家，不時買上一些，在喝茶時與朋友同享。

當然倫教糕的淵源，與有些人常叫成「倫敦糕」的來由，他也會道出原委。

香港的牛肉，如此的嫩，曾是大家吃廣東食物的樂趣。他說這種加了如小蘇打粉的「嫩肉精」，是爲了讓平民老百姓很易入口的坊間手段。但經過歲月，就像味精一樣，早就該被避吃了。

你去看，許多台灣的「香港美食通」，說起香港美味，往往皆是最頂尖的餐廳、最頂尖的師傅、最在五十大、一百大的排名榜上之店。其實香港平民所吃之風景，他也該洞察；如果早式微了（像飲茶的茶樓變少了，點心常是工廠代工大批量的出產。像粥粉麵飯之不長進、味精狂擱。像清湯牛腩中的「牛腩」因客人一多常把最柴的瘦肉切給客人，那些帶白膜的牛腩只能偶跟在香港本地有名食家後面才吃得到一碗⋯⋯⋯⋯），那這些香港通也該順手拈來的道出不少來由。

買饅頭、包子，很重視是老麵發酵的。　　老麵的分辨，原本極易，不需招牌上強調，只要看包子表面的麵皮有不規則的疙瘩突起。此我們做小孩時觀看北方家庭或坊間小鋪早就熟練的「目測」法也。

坊間的麵包，亦是同理。麵糰的發酵，絕對逃不過他的法眼。哪家的法棍、哪家的可頌、哪家的巧巴達，只要是他吃的，絕對就是好吃的。

他也很愛講餐館一入座，桌上放的四樣小菜，如果總是皮蛋豆腐、辣椒小魚、滷水花生、油燜筍之類，很容易讓人猜想這館子會不會太不長進？　　所以他說，這種無精打采的小菜，又說什麼也非要放在桌上的陋習，是很容易教顧客看輕店家與服務生的。　還不如別放。

他也知道不只是把苦瓜和鹹蛋混在一起吃（像有人凡點苦瓜菜，必點「苦瓜鹹蛋」）。他知道皮蛋和豆腐不是必然配成的涼菜。　他也知道凡冷菜就自然而然備出花生小魚乾的孤陋。　而義大利麵並非一定用進口的「成麵」（卽各家牌子已把雞蛋和麵粉結於一道的乾麵條）。還不如用現擀的自家當地麵條。也就是說，在台灣做義大利麵，根本就可用台灣當地現場擀出來的麵條，而那照樣是「義大利麵」。

也有的館子，冷菜太出色了，好像說，幾乎客人都可以不用點熱菜了。這也是一種「讚美」。　當然，通常他的熱菜也會很有水準。永康街的「秀蘭」便是如此。　莊敬路巷子裏、信義國中正對面的「南村小吃店」的冷菜，卽滷菜，也是極出色。只吃冷的豬頭肉、海帶、豆乾，也頗香美，但炒青菜、熱的麵條等熱食，照樣美味極了。

冷菜的高下，是很明顯的。台式的館子，冷菜也是饕客最看重之物！像鹹蜆仔、像粉肝、像鯊魚煙、像涼筍、甚至像鵝肉、像韭菜紮、像白切五花肉等。遇到冷菜厲害的館子，我常每種都點。

江浙館的冷菜，像醉雞、油爆蝦、熏魚、涼拌蘿蔔絲海蜇皮、熗麩，蔥熗鯽魚等，也是很豐富，但如做得不夠好，還不如少備些。

要是他只有三幾樣，其中有一味「嗆蟹」，那他必須是藝高人膽大，否則出不了好東西！

北方鋪子，則有涼拌白菜（會擱一些花生米，也有涼拌芣藍）、雞絲拉皮等。

呈現台北之好，需用巧勁

台北那些你最愛的事物，如何把它介紹給多年未來台的好友，這是「要有感覺」的。

那些親友，早來過台北多次，最好又最有名的餐館，他們早就享受過也讚嘆過。所以你提供的佳處，必是你考慮過他們的需要、又在心中醞釀了一下而迸出的靈感。於是你會說：「明天你到了，我看也別進什麼豪華大餐館，咱們多一點時間安靜的好好聊聊。下午先到我的工作室坐一下，喝一杯淺烘焙的咖啡，吃幾個全球華人社會已然很不易有的燒餅（這是台灣的強項）。然後很輕鬆的在我工作室外頭的公園群散步一下，再找一家店在戶外喝一杯氣泡酒。等到晚餐，我帶你吃一家很隨便、很便宜、很容易吃的北方小麵食，主要吃一點泡菜、吃一點酸豇豆炒肉末、吃一小碟豬頭肉、吃一點韭菜盒子什麼的，這樣，你晚上早一點回旅館休息，第二天一大早我們就出發去太魯閣吧（或我們就去參加金馬獎評審大會吧）…………」

有時你招待朋友，會說：「我們兩個人都愛壽司，但你是日本通，又常去日本，所以你來台北我就不帶你吃日本料理了。　牛排或者高檔的西餐，我看也未必入得了你的眼。所以我爲了帶你吃館子，眞是絞盡了腦汁。左思右想，覺得最好的方法，就是吃簡略版的。這最不會出錯。　剛好，台灣還只是小格局小格局的那麼成長，所以還出不了丹麥Noma那樣有模樣的米其林最頂級的餐館，正好令許多只做自己擅長小東西的小店弄得還不錯。　所以，我只敢帶朋友吃台北的小東西。　說得籠統點，就是『吃小吃』了。」

若是帶朋友環島吃小吃，當然可以很精采。只是到了台東的長濱，不妨吃一、兩頓西餐。這種天涯海角時候的西餐，其實最珍貴，也最有意思。　所謂珍貴，乃年輕人勇於嘗試，很不容易。　再就是，常未必三年五年、十年二十年的開下去，故何不趕快一試？

說到環島小吃，最需要「世故」！　也就是選城鎮停腳必須懂得割捨。像在中部停腳，選了彰化市，就只好不停台中市、不停鹿港、不停員林。否則就把路途拉得太遠了。　同理，在南部，如果果斷的饕客會說：「咱們嘉義市吃過後，就直奔屏東。台南、高雄都不停。如此，屏東吃完，便專心在南迴公路略略看些風景，直奔台東再歇腳吧！」　果決，是長途旅行玩得順暢的極要緊原因。

好友來台。要請他吃飯前典型的對話

A：「有沒有特別想吃的？」

B：「都好，您安排吧，都成！」

A：「我帶你吃一家小餛飩，再吃碗乾麵，您看行嗎？」

B：「太好了。」（多半是禮貌話）

A：「要不嘗一家台灣坊間的『自助餐』，可以挑好幾樣青菜，吃一尾魚，吃幾小塊紅燒肉，吃一塊滷豆腐……吃完飯，他的甜湯是綠豆湯……」

B：「哇，眞棒。」（他也可能說客氣話）

A：「再就是，吃一籠蒸餃，吃一個牛肉捲餅，一碗綠豆稀飯。小菜呢，酸豇豆炒肉末、雪菜百葉、蓮藕片、榨菜丁四季豆，這也可以。」

B：「哎唷，台北太豐富了！哪裏需要非得吃日本料理、吃米其林、吃西洋fine dining啊。」（那必定是客氣話了）

A：「其實從早飯開始，也是好方法。像燒餅油條啊，像清粥小菜啦，像餛飩麵包子啦，像米粉湯，切大腸肝連喉管嘴邊肉啦。當然也有咖啡再加黃油土司水煮蛋這種，雖然少，也很精采。」

結語

以上大致道出我心目中「很會吃的人」往往具備的本領。這是我在我身處的社會觀察之下得到的樂趣。有的人具備一兩招，有的人具備五六招。聽他們談吃，真是意趣橫生！　當然也不免聽到不甚懂吃卻也愛聊、並聊出不怎麼高明見解之處。也是社會有趣的一面。　據說台北充滿了「聊吃」、「辯吃」的饕客。據說稱得上百家爭鳴。甚至有時爭得面紅耳赤也是有的。　我一來沒用社群平台。二來也不用電腦。三來許多新型高超的出色餐廳也甚少貼近知悉，更遑論品嘗了。四來與坊間吃家也甚少交流心得（有太多吃家還無緣認識呢），剛好躲開了討論與評比的尷尬。也因此總算勉勉強強還能在此瞎扯幾句（希望眾家高手海涵）！

這篇小文，說的是「很會吃」，沒說「很會製吃」；故著墨在那些饕客之談吃上，而不著墨在饕客之「製吃」上。

也就是，都說的是「紙上談兵」，而不是「菜怎麼燒才算好」那種純講廚藝之文。

索引

ㄎ

ㄏ

ㄌ

ㄍ

ㄑ

ㄒ

ㄐ

我與吃飯

看世界的方法 273

文字／書法	舒國治		
封面設計	吳佳璘		
責任編輯	林煜幃		
發行人兼社長	許悔之	藝術總監	黃寶萍
總編輯	林煜幃	策略顧問	黃惠美．郭旭原
設計總監	吳佳璘		郭思敏．郭孟君．劉冠吟
企劃主編	蔡旻潔	顧問	施昇輝．宇文正
行政主任	陳芃妤		林志隆．張佳雯
編輯	羅凱瀚	法律顧問	國際通商法律事務所
			邵瓊慧律師

出版　有鹿文化事業有限公司｜台北市大安區信義路三段106號10樓之4
T. 02-2700-8388｜F. 02-2700-8178｜www.uniqueroute.com
M. service@uniqueroute.com

製版印刷　沐春行銷創意有限公司

總經銷　紅螞蟻圖書有限公司｜台北市內湖區舊宗路二段121巷19號
T. 02-2795-3656｜F. 02-2795-4100｜www.e-redant.com

ISBN　978-978-626-7603-07-9　定價　420元
初版　2024年12月

我與吃飯 / 舒國治著 — 初版．— 臺北市：有鹿文化事業有限公司，2024.12．256面；14.8×21公分 —
（看世界的方法；273）ISBN 978-626-7603-07-9（平裝）　1.CST: 飲食 2.CST: 文集　427.07　113016150